手すりの虫 観察ガイド

the field guide to insects on railing

とよさきかんじ　著

文一総合出版

はじめに

「虫に興味はあるけれど、どこから探していいのかわからない。身近な環境じゃ見つからないかもしれないし…」数年前の私はそう思っていました。
　そんな人におすすめしたいのが「手すりの虫観察」です。手すりの虫観察とは、野外の手すりの上面や側面を見ながら歩いて虫を探す方法です。手すりと言えば階段や廊下にあるものをイメージするかもしれませんが、実は身近な自然公園や土手、登山道などにもあります。野外の手すりは通路と草木の境目に「柵」として設置されており、周囲の環境に虫が少ない日でも、なぜか手すりには虫がいます。
　本書では擬木柵やロープ柵、ガードレールなども総じて「手すり」と呼んでいます。春はイモムシ、夏はセミやクワガタ、秋はトンボやバッタ、冬はフユシャク……。眼がクリッとしたハエトリグモもよく見かけます。

　本書では、関東の手すりでよく見かける約300種類の虫を収録しました。ぜひ近所の公園に出かけて、手すりで見つけた虫と照らし合わせながら、手すりの観察の沼（魅力）にハマってください。

手すり観察のここがおもしろい

- 宝探しのような楽しさ！
- 今まで気づかなかった虫が身近にいる！
- 大人も子どもも、初心者でも虫を発見しやすい！
- 散歩、通学、通勤のついでにできる！

ナビゲーター
筆者　とよさきかんじ
元ヤンの虫好き。「日本野虫の会」の屋号で虫のグッズを作ったり虫の写真を撮ったりしています。

柴犬 ぱん(♀)
散歩のついでに手すり観察につきあわされている。虫が苦手。

手すりのある環境

本書では虫のいる手すりがある環境を平地(へいち)・低山(ていざん)・草地(くさち)・水辺(みずべ)の4つに分けて紹介しています。どの環境でも見られる虫がいる一方で、限られた環境でないと現れない虫もいます。

平地の手すり

身近な緑地や自然公園の手すり。草木の多い場所や雑木林の近くがポイント。散歩がてら通ってみよう。

低山の手すり

標高1,000m以下の自然公園や森林公園の手すり。森林に囲まれた登山道の手すりには、山にしかいない種類の虫も多い。

草地の手すり

開けた林縁(りんえん)や墓地、土手などの手すり。草地特有の植物に集まる虫や、明るい環境を好む虫が見られる。

水辺の手すり

橋の欄干(らんかん)、小川や池沿いの手すり。水辺から羽化した成虫や、それらを捕食する虫が見られる。

本書を作るにあたり、筆者の住む東京都大田区から神奈川県、埼玉県、千葉県を中心に、およそ25か所の公園や緑地を巡り、約2年間でのべ150回にわたり手すり観察を行いました。手すりで見られる虫の種類は季節と環境に大きく影響を受けるため、虫は春夏秋冬の順番に、手すり環境は上記の4つの環境に分けて紹介しています。

手すり観察の準備

夏の手すり。何もいないように見えるが、虫は高速で活動している

手すりを探そう！

まずは近所で樹木の多そうな公園、緑道、遊歩道などを探してみよう。山奥よりも人の手が頻繁に入る環境の方が虫がよく見つかる。地図アプリなどを利用して緑が多そうな場所を見つけるのもおすすめ。

晴れた日の朝に出かけよう！

夜に活動する虫もいるが、まずは日中に観察してみよう。気温が上がると虫の動きが速く観察しにくいことがあるので、できれば午前中から始めたい。前日が雨で今日は晴れ上がった、という日は虫の出が良いのでオススメ！

※虫が多い季節は8月くらいの真夏をイメージしがちだが、初夏を中心とした「5~7月前半」が一番種類が多い。酷暑の8月、厳冬期の2月は種類も数も少なく、その時期は「虫枯れ」と呼ばれる。

手すり観察の持ち物や服装

最初は固くならず、スマホやカメラを持って近所の公園に散歩がてら出かけてみよう！　森林公園などでは女性や子どもはなるべく複数人で、明るく人通りの多い場所を選ぼう。

手すりで虫を見つけよう

虫のサイズに目を慣らそう！

到着して手すりを見つけたら、まずはゆっくりと観察。ぼやっと手すり全体を見ながら、でっぱりやゴミのようなものを探してみよう。「虫じゃないかな？」と思ったら、目をマクロモードに切り替え、拡大して観察してみよう！手すりの虫のほとんどはすごく小さいので見落とさないように注意！

手すりのこんな所をチェック！

手すりの下側は虫たちの隠れ家になっている。来た時と同じ道を通って帰る時には、行きに見た手すりの裏側もチェックする癖をつけよう。

手すりの下で休むヤマトシジミ

虫を大きく見よう！

小さい虫はルーペやスマホカメラで拡大して見てみよう。1cm以下の虫を見る時は、100円均一ショップで買えるクリップ式のマクロレンズをスマホに装着するとよい。

ルーペを使って拡大

コンパクトデジカメで拡大

虫を捕まえて観察しよう！

逃げ足が速い虫や腹面なども確認したい虫は、捕まえてチャック袋や観察ケースに入れてみよう。素手に抵抗がある人はゴムグローブを着用したり、小さな筆やピンセットを使ってケースに落としこもう。持ち帰る時は、小さな枯葉やティッシュを足場にすると虫が潰れない。帰宅後は湿らせたティッシュを入れておくと、虫が乾燥して死ぬことを避けられる。

ビーズケースでじっくり観察

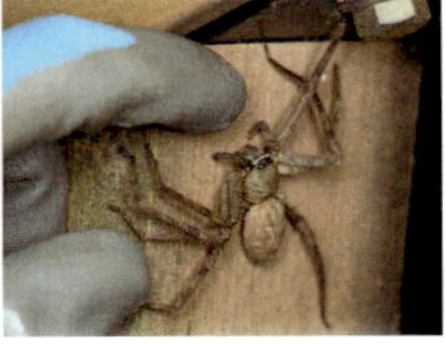

ゴムグローブで捕まえる

※残念ながら、近年は昆虫採集が禁止されている場所も多い。採集して持ち帰るためには事前に管理者に許可を取っておこう。

手すりの虫 イラスト検索表

昆虫は目というグループごとに仲間分けされている。見つけた虫がどの虫の仲間か、イラストで雰囲気をつかんで目星をつけてみよう。
（手すりの虫の大きさはすべて原寸大）

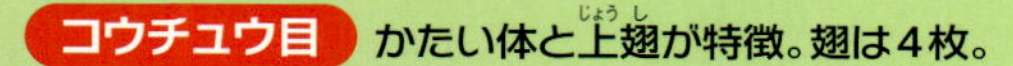

コウチュウ目 かたい体と上翅が特徴。翅は４枚。

春 p.24〜　夏 p.60〜
秋 p.94〜　冬 p.104〜

●ニホンキマワリ（p.62）

●タマムシ（p.61）

●ヨツスジトラカミキリ（p.63）

●ナミテントウ（p.106）

●コクワガタ（p.65）

●オジロアシナガゾウムシ（p.26）

●オオトラフコガネ（p.60）

●コガタルリハムシ（p.30）

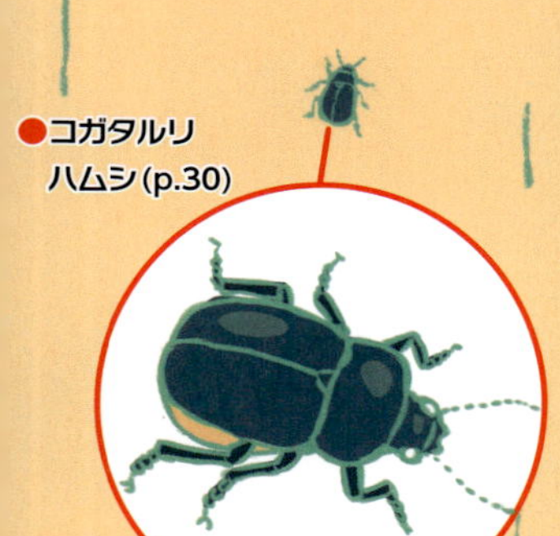

●キアシナガバチ（p.56）

●コマルハナバチ（p.57）

●トゲアリ（p.88）

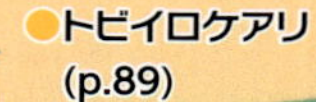

●トビイロケアリ（p.89）

ハチ目

基本的に翅は４枚だが働きアリには翅がない。

●ハチ	●アリ
夏 p.56〜	春 p.44
秋 p.87	秋 p.88〜
冬 p.119〜	

カメムシ目

セミ・グンバイムシなども
このグループ。ストロー状
の口吻（こうふん）をもつ。翅は4枚。

春 p.20〜
夏 p.46〜, 66〜
秋 p.80〜
冬 p.112〜

チョウ目

翅は4枚だが、退化し
て翅がないものもいる。

春 p.32〜
夏 p.58〜
秋 p.88, 92〜
冬 p.108〜, 132(繭)

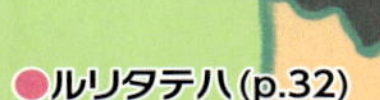

●ルリタテハ (p.32)

●アカスジキンカメムシ (p.50)

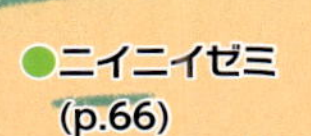

●ニイニイゼミ (p.66)

●ウスバフユシャク (p.110)

●キアシドクガ (p.34)

●アオバハゴロモ (p.46)

●オオワラジカイガラムシ (p.22)

●マルウンカ (p.21)

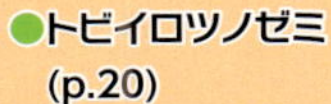

●トビイロツノゼミ (p.20)

●コミミズク (p.116)

●マツムラグンバイ (p.84)

ハエ目

カやアブ・ハエが含まれる
グループ。翅は2枚。

春 p.42〜　夏 p.69
秋 p.100　冬 p.128〜

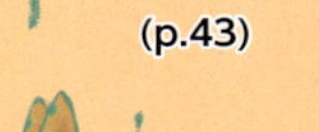

●オオイシアブ (p.43)

●ベッコウバエ (p.100)

●シマバエ科の一種 (p.128)

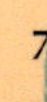

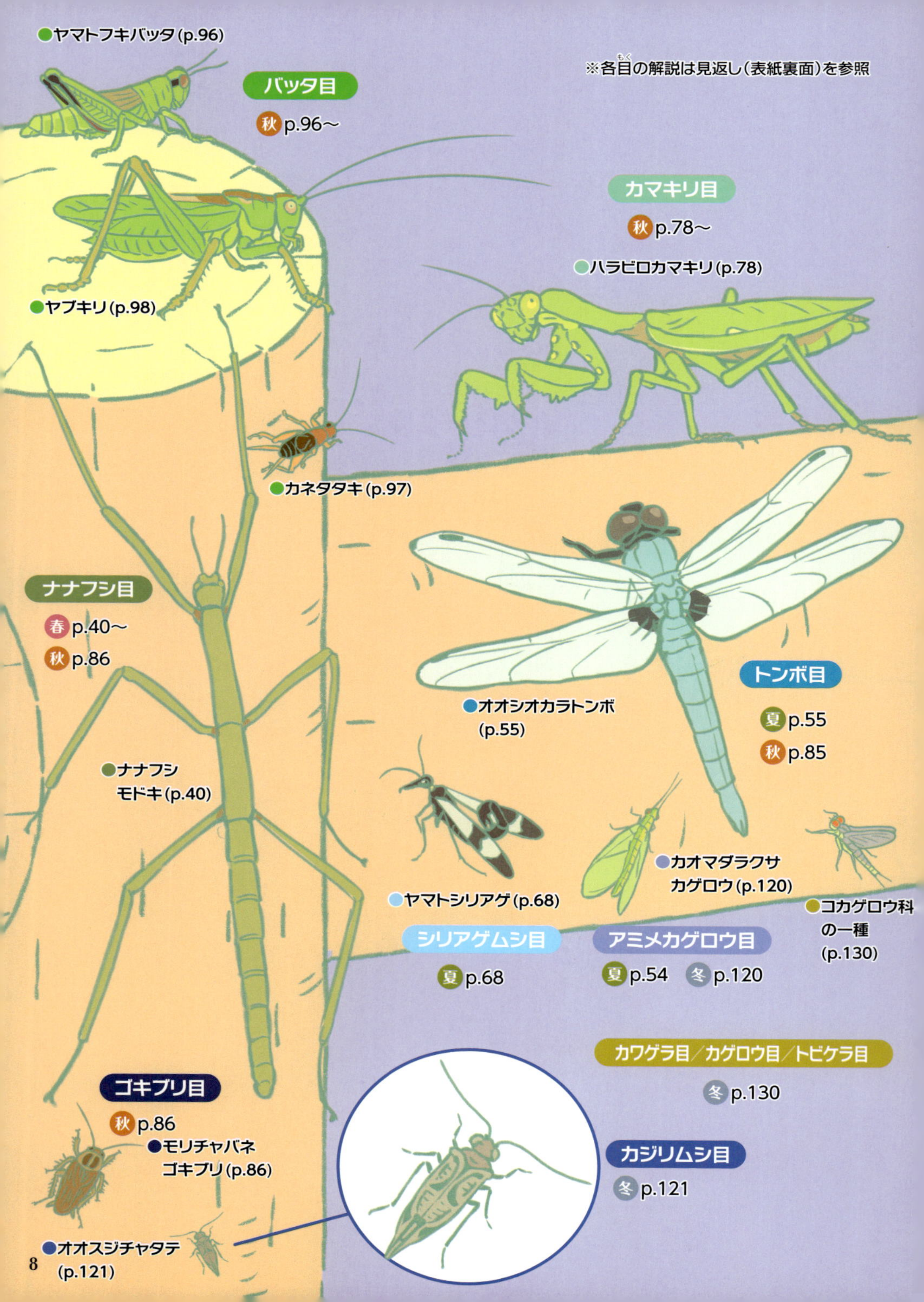
※各目の解説は見返し（表紙裏面）を参照
ヤマトフキバッタ（p.96）
バッタ目
秋 p.96〜
ヤブキリ（p.98）
カマキリ目
秋 p.78〜
ハラビロカマキリ（p.78）
カネタタキ（p.97）
ナナフシ目
春 p.40〜
秋 p.86
ナナフシモドキ（p.40）
オオシオカラトンボ（p.55）
トンボ目
夏 p.55
秋 p.85
ヤマトシリアゲ（p.68）
カオマダラクサカゲロウ（p.120）
コカゲロウ科の一種（p.130）
シリアゲムシ目
夏 p.68
アミメカゲロウ目
夏 p.54 冬 p.120
カワゲラ目／カゲロウ目／トビケラ目
冬 p.130
ゴキブリ目
秋 p.86
モリチャバネゴキブリ（p.86）
カジリムシ目
冬 p.121
オオスジチャタテ（p.121）

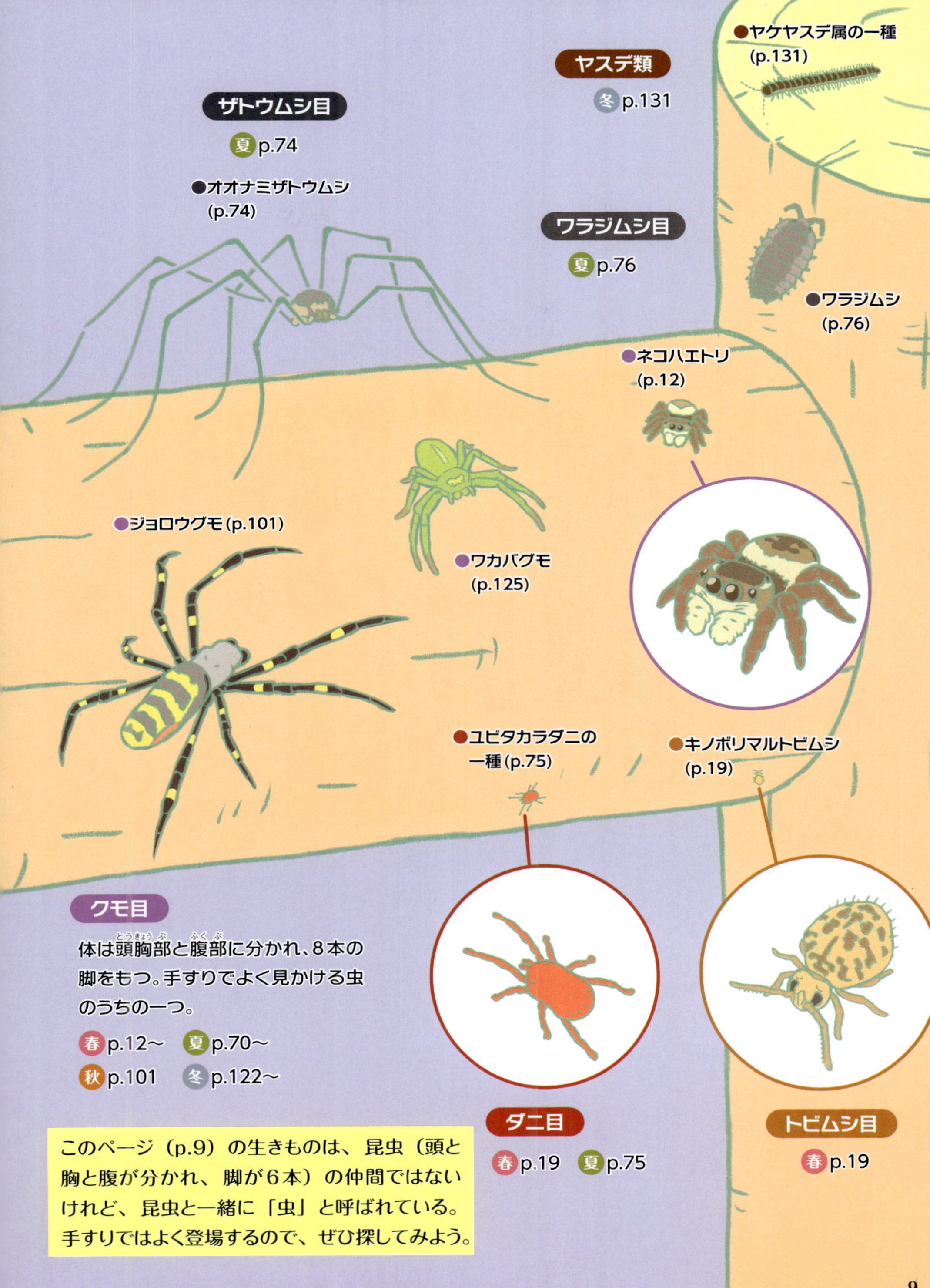

ヤスデ類
冬 p.131
●ヤケヤスデ属の一種
(p.131)
ザトウムシ目
夏 p.74
●オオナミザトウムシ
(p.74)
ワラジムシ目
夏 p.76
●ワラジムシ
(p.76)
●ネコハエトリ
(p.12)
●ジョロウグモ(p.101)
●ワカバグモ
(p.125)
●ユビタカラダニの
一種(p.75)
●キノボリマルトビムシ
(p.19)
クモ目
体は頭胸部と腹部に分かれ、8本の
脚をもつ。手すりでよく見かける虫
のうちの一つ。
春 p.12〜 夏 p.70〜
秋 p.101 冬 p.122〜
ダニ目
春 p.19 夏 p.75
トビムシ目
春 p.19
このページ(p.9)の生きものは、昆虫(頭と
胸と腹が分かれ、脚が6本)の仲間ではない
けれど、昆虫と一緒に「虫」と呼ばれている。
手すりではよく登場するので、ぜひ探してみよう。

もくじ

本書の使い方

本書では、主に関東の手すりで出現する虫を季節ごとに掲載しました。大まかに出現時期の早いものから順に並べていますが、時期がずれる虫や他の季節にも見られる虫もいます。

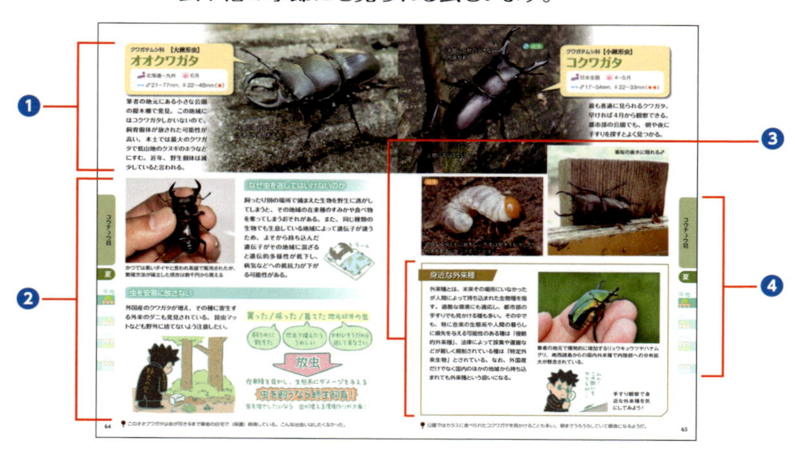

クワガタムシ科【大鍬形虫】
オオクワガタ
北海道～九州　6月
♂21～77mm、♀22～48mm(★)

筆者の地元にある小さな公園の擬木柵で発見。この地域にはコクワガタしかいないので、飼育個体が放された可能性が高い。本土では最大のクワガタで低山地のクヌギのホラなどにすむ。近年、野生個体は減少していると言われる。

かつては黒いダイヤと言われ高値で販売されたが、繁殖方法が確立した現在は数千円から買える

なぜ虫を逃してはいけないのか

飼ったり別の場所で捕まえた生物を野生に逃がしてしまうと、その地域の在来種のすみかや食べ物を奪ってしまうおそれがある。また、同じ種類の生物でも生息している地域によって遺伝子が違うため、よそから持ち込んだ遺伝子がその地域に混ざると遺伝的多様性が低下し、病気などへの抵抗力が下がる可能性がある。

虫を安易に放さない

外国産のクワガタが増え、その種に寄生する外来のダニも発見されている。昆虫マットなども野外に捨てないよう注意したい。

放虫
虫を飼うなら終生飼育！

このオオクワガタは命が尽きるまで筆者の自宅で（保護）飼育している。こんな出会いはしたくなかった。

64

クワガタムシ科【小鍬形虫】
コクワガタ
日本全国　4～5月
♂17～54mm、♀22～33mm(★★)

最も普通に見られるクワガタ。早ければ4月から観察できる。都市部の公園でも、朝や夜に手すりを探すとよく見つかる。

身近な外来種

外来種とは、本来その場所にいなかったが人間によって持ち込まれた生物種を指す。過酷な環境にも適応し、都市部の手すりでも見かける種も多い。その中でも、特に在来の生態系や人間の暮らしに損失を与える可能性のある種は「侵略的外来種」、法律によって採集や運搬などが厳しく規制されている種は「特定外来生物」とされている。なお、外国産だけでなく国内のほかの地域から持ち込まれても外来種という扱いになる。

筆者の地元で爆発的に増加するリュウキュウツヤハナムグリ。南西諸島からの国内外来種で内陸部への分布拡大が懸念されている。

手すり観察で身近な外来種を気にしてみよう！

公園ではカラスに食べられたコクワガタを見かけることも多い。朝までうろうろしていて餌食になるようだ。

65

❶虫の種名、科名、　漢字名、解説

：虫の生息地域　：手すりでの出現時期

↔：大きさ　★：出現度（星が多いほどよく見かける）

❷注目の話題

虫の注目したい特徴や見分け方、生態の補足情報

❸コラム

手すりと虫との関わりや、虫観察のヒント

❹ツメ

場所アイコン：色の濃いアイコン：そのページの虫のよくいる場所。(p.3「手すりのある環境」参照)

春の手すり

3月、草地の手すりには、一足早く冬眠から覚めたコガタルリハムシやナナホシテントウの姿が見られます。
4月にはネコハエトリを先頭に、様々なハエトリグモが手すりで賑わいます。
5月からは木々の下の手すりでイモムシに会うもよし、ゾウムシやカミキリムシと遊ぶもよし。いよいよ虫シーズンの本番です。

春から見られるハエトリグモ

ハエトリグモ科【猫蝿捕蜘蛛】

ネコハエトリ

北海道～九州　4～8月

8mm（★★★）

野外でもっとも普通に見られるハエトリグモ。公園の垣根など人為的な環境に多い。春～初夏の手すりを丁寧にチェックするとつぶらな瞳に出会うことができる。

ヨコバイの幼虫を捕食する亜成体

♂と♀で姿が違う

ネコハエトリの♀と♂は色や体つきがまったく異なり別種のように見える。これは雌雄で姿が著しく異なる「性的二型（せいてきにけい）」という現象で、ハエトリグモの仲間にはこの性質をもつものが多い。♂が美しい羽をもつクジャクなど、他の生物でも見られる。

丸っこい体つきで毛が多い。腹部に斑紋がある（変異あり）

頭胸部は黒く脚が長い。腹部中央に黒斑がある

横浜や千葉にはネコハエトリの♂同士を戦わせる伝統的な「ホンチ遊び」が今でも残っている。

手すりのハンター

ハエトリグモの仲間は網を張らず手すりや葉上を歩きまわり、ジャンプして獲物をとらえる。普段は警戒心が強いが、捕食中は動きが止まっていることが多いので観察しやすい。

その名の通りハエも捕食する

待ち伏せするも、大き過ぎる虫はスルー

ライフサイクル

幼体のネコハエトリはモフモフした毛むくじゃらの♀の姿だが、春～初夏に成体（おとな）になり、黒くて脚の長い♂はこの時期しか見られない。秋に新世代の幼体が目立ち始め、亜成体※で冬を越す。

※亜成体…あと一回の脱皮で成体になる状態

手すりの下部を利用して脱皮する♂

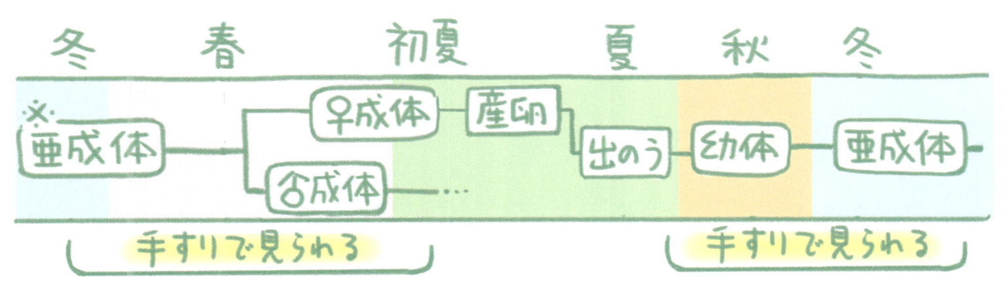

ハエトリグモは背面の模様や体型で種類を識別し、触肢（ヒゲ）の形で♂か♀か成熟度を見分けることが多い。

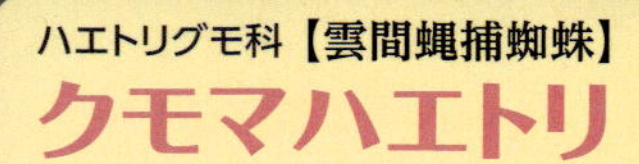

ハエトリグモ科【雲間蝿捕蜘蛛】

クモマハエトリ

本州　4〜5月、10〜11月
5mm（★）

2014年に和名のついた美麗種。関東を中心に都心部の雑木林から低山地のスギ林の手すりで見つかる。

頭胸部と腹部がつながったような体型が特徴

♀ 成体

幼体は冬にも見つかる

雲間から光が差すイメージが名前の由来

クモ目

春

平地
低山
草地
水辺

ハエトリグモ科【斑条蝿捕蜘蛛】

マダラスジハエトリ

北海道〜九州　2〜9月
8〜10 mm（★）

山地性の大型種。スギ林近くの手すりに多い。♂は脚が長く野生動物のような精悍さがある。警戒心がうすく撮りやすい。

♂ 成体

クモマハエトリは未記載の類似種が多く、まだ未発見の産地もあると思われる。ぜひ探してみよう！

ハエトリグモ科　【烏蝿捕蜘蛛】

カラスハエトリ

本州～九州　2～8月

↔ 6mm（★★）

ずんぐりした扁平な体型のハエトリグモ。やや暗い林の手すりで見かける。普段は葉の上など樹上で過ごしている。

♂は黒地に白い模様、♀は全身が白い毛で覆われる

警戒心は強めで、ジャンプして糸でぶら下がることもある

ハエトリグモ科　【姫烏蝿捕蜘蛛】

ヒメカラスハエトリ

本州～九州　2～8月

↔ 5mm（★★）

カラスハエトリより小型だが、よく似ており同定が難しい。本来は里山の林内の樹上に多い。

春

平地

低山

草地

水辺

ハエトリグモ科　【デーニッツ蝿捕蜘蛛】

デーニッツハエトリ

北海道～九州　3～10月

↔ 7mm（★★★）

ネコハエトリについでよく見られる大型のハエトリグモ。早春～晩秋までの長い間手すりで観察できる。

あまり敏感でないので撮りやすい

デーニッツハエトリの種名はドイツの動物学者ヴィルヘルム・デーニッツに由来している。

ハエトリグモ科【蟻蜘蛛】

アリグモ

日本全国　3~6月

7mm（★★★）

クロヤマアリに擬態することで有名なハエトリグモ。春から夏に緑の多い環境の手すりで見られる。警戒心が強く、歩き出すと止まらないので気づかれる前に撮りたい。

♂成体　♂成体は大あごが目立つ

♀　♀はあごが小さい

手すりの上でナワバリ争いをする2匹の♂

♂の大あご

♂成体は不便とも思えるような大あごをもつが、アリに似せることでアリを嫌う外敵から身を守り、♂同士の争いでも役立つ。

ハエトリグモ科【矢形蟻蜘蛛】

ヤガタアリグモ

草地から人家の周りまで広く生息する。近似種のタイリクアリグモより体型がほっそりしている。

- 本州～南西諸島
- 1年中
- 7mm（★★★）

♂成体

首の後ろに白帯がある

♀成体

ヒアリ騒動に巻き込まれ、アリグモが殺されるとも聞く。怖がるにしても知識をつけて正しく怖がってほしい。

クモ目　春　平地　低山　草地　水辺

ハエトリグモ科　【青帯蝿捕蜘蛛】

アオオビハエトリ

本州～九州　4～11月

5mm（★★）

バンザイをして素早く移動する美しいハエトリグモ。地表性だが畑や草地の手すりに多い。アリの行列につきそいアリを捕食する。アミメアリの行列の近くを探すと見つかる。

アリを捕食する♀。常に第1脚を上げている

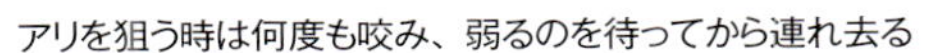

アリを狙う時は何度も咬み、弱るのを待ってから連れ去る

アミメアリの列から蛹を盗んだ♀。手すりの下にまわりこんで食べるようだ

丸まった葉の中で寝ていることがある

素早く歩くため撮影が難しい。両手を上げるポーズのせいでだんだんバカにされているような気持ちになる。

ハエトリグモ科　【雌白蠅捕蜘蛛】

メスジロハエトリ

本州～南西諸島（奄美大島以北）
4～8月　↔ 6mm（★★）

ハエトリグモ界きっての美麗種。♀と幼体が白いためメスジロの名がついた。都市部から低山地の手すりで普通に見つかる。

木がかぶる日陰の手すりに多い

亜成体　幼体から亜成体までは♀の姿をしている

手すりの下面のくぼみで発見

普段は樹上にすむ

♂と♀では形や色が大きく異なる（性的二型）

クモが苦手という人にメスジロハエトリの写真を見せると、こんな美しいクモがいるの？　と驚いていた。

手すりの小さな虫

トビムシ目マルトビムシ科 【木登丸跳虫】

キノボリマルトビムシ

本州ほか　2～4月

約2mm（★★）

目は単眼の集合からなる（集眼）

土壌生物であるトビムシの一種。橙色の地色に黒い斑紋があるが、変異が大きい。本来は樹上性。

出現期の春には、苔むした手すりや2m以上ある金属柵などの上、側面に集まっている

近づくと跳躍器でジャンプする

ダニ目ウズタカダニ科 【堆蟎】

ウズタカダニ科の一種

本州ほか　3～4月

約1.5mm（★）

落ち葉を食べて分解するササラダニの一種。背中に脱皮殻を乗せたヤドカリのような姿をしている。

歩脚にコケ類が繁殖していることがある

冬季はスギやケヤキの樹皮下にいるが、活動期は手すりをゆっくりと歩く姿を見かける

最大4枚の脱皮殻を「うず高く」乗せている

古代生物のようで最高にカッコいいダニだが、1.5mmと小さく観察していると目が疲れる。

春のカメムシの仲間

ツノゼミ科　【鳶色角蝉】

トビイロツノゼミ

日本全国　3〜5月
5〜7mm（★★）

草地などで最も普通に見られるツノゼミ。かなり警戒心が強く、暖かい場所だとあっという間にジャンプして逃げてしまう。

マメ科の植物を好み、草地に隣接した手すりや柵で見られる

ツノゼミ科　【帯丸角蝉】

オビマルツノゼミ幼虫

初夏に幼虫が多い。雑木林の中の手すりで見つかった。
●本州・四国　●5〜8月　●6〜7mm（★★）

ヨコバイ科　【黒扁横這】

クロヒラタヨコバイ幼虫

幼虫は春に多い。黒くて丸く、背中にショッカーのマスクのような模様がある。
●本州〜九州　●4〜8月　●5〜6mm（★★）

カメムシ目
春
平地
低山
草地
水辺

ツノゼミと言えば熱帯に生息し長大なツノをもつものが有名だが、日本に生息する種類は地味でかわいらしい。

マルウンカ科【丸浮塵子】

マルウンカ

本州～九州　5～8月
5～6mm（★★）

成虫はテントウムシに似た見た目だがセミやカメムシの仲間で、植物の汁を吸う。林縁の葉上（クヌギ、ウツギ）に生息する。やや木陰になる手すりの上面をせわしなく歩き回る。

正面から見た様子。頭頂部は扁平

上翅の色や斑紋には変異が多い。幼虫には翅がなく、焼きおにぎりのような雰囲気である。

警戒心が強く、ジャンプして逃げるので注意

カメムシ目

春

平地
低山
湿地
水辺

マルウンカ科　【肩広楔浮塵子】

カタビロクサビウンカ

尾端にロウ物質をつけている

針葉樹の多い環境の手すりで見かける。冬～春に多い。
●本州、四国 ●12～5月 ●7～8mm（★★）

マルウンカ科　【広頭楔浮塵子】

ヒロズクサビウンカ

木彫りのような質感

2017年に報告された外来種。バラ科やモクレン科から汁を吸う。●東京、埼玉、大阪、兵庫
●7～10月 ●5～6mm（★）

マルウンカは非常にかわいらしく動きもユーモラスで見ていて飽きない。もっと認知度が上がってほしい。

ワタフキカイガラムシ科【大草鞋貝殻虫】

オオワラジカイガラムシ

北海道～九州　3～6月

↔ ♂5mm前後，♀8～12mm（★★★）

幼虫と♀は楕円形のワラジ型で、春から初夏に手すりでよく見かける。♂は翅をもち♀とはまったく違う姿をしている。カシ類、シイ類、ケヤキに寄生し時に大発生する。

幼虫　幼虫は体が赤っぽい。ゆっくりと歩く

♂成虫　♂は黒っぽい翅と長い触角がある

♀成虫　白い粉をふく

運が良いと、手すりの上で交尾するシーンに出会える。

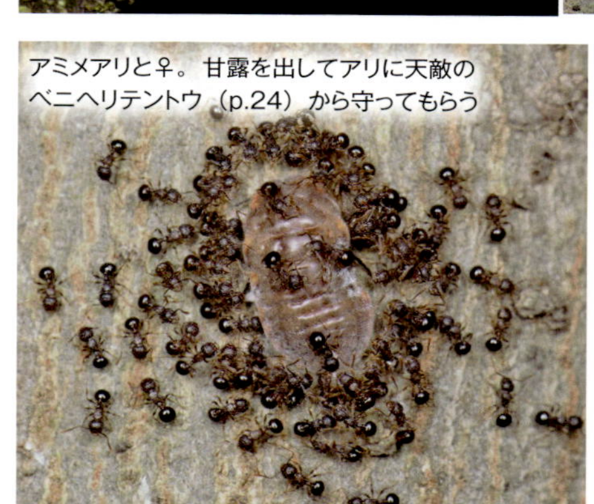

アミメアリと♀。甘露を出してアリに天敵のベニヘリテントウ（p.24）から守ってもらう

脱皮

手すりに集団で集まることがある

初めて見た時は何の虫かわからず少し不気味だった。今ではちょっとかわいい妖怪のように思える。

手すりの事件簿

手すりを観察していると、偶然の出会いから過酷な運命まで虫たちの暮らしぶりが見えてくる。

アミメアリとぶつかりそうなムネアカオオクロテントウ

時には虫がたまり過ぎて百鬼夜行のようなおもむきに

一列に並んだキノボリマルトビムシとクロスジホソサジヨコバイの幼虫

ベニカミキリを組み伏せるシオヤアブ

木柵に産みつけられたコカマキリの卵鞘に産卵するナガコバチの一種

金属柵にぶらさがるオオシマカラスヨトウの幼虫。背中には寄生蜂の繭がずらりと並んでいる

フェンスにしがみついたまま死んだアオバハゴロモ

12月、工事柵の上で力尽きたハラビロカマキリ

春のテントウムシ

テントウムシ科 【紅縁天道虫(瓢虫)】

ベニヘリテントウ

北海道〜九州　3月〜

3.9〜5.4mm(★★)

黒い体に赤い縁取りのあるテントウムシ。オオワラジカイガラムシ(p.22)の天敵で、幼虫は捕食のために擬態していると言われる。

全身に細かい毛が生えている

成虫

手すりの上でメスを取り合う

幼虫

オオワラジカイガラムシ

テントウムシ科 【胸赤大黒天道虫】

ムネアカオオクロテントウ

本州(関東、関西)　4〜10月

6〜8mm(★)

2016年に国内侵入が確認された外来種。クズ群落に生息しマルカメムシ(p.82)の幼虫を捕食する。

蛹

幼虫

クズの花にいると目立たない

成虫

脚と胸部はオレンジ色

ムネアカオオクロテントウは筆者の地元でも確認しており、急速な分布の拡大が懸念されている。

まだまだいるテントウムシ

成虫で冬越しすることの多いテントウムシは、春先から初夏の手すりでせわしなく歩く姿を見ることができる。

テントウムシ科　【白十四星天道虫】
シロジュウシホシテントウ

地色はオレンジ〜黒まで変異が大きい。クワキジラミの幼虫などを食べる。
●本州〜九州 ●4〜10月 ●4.4〜6mm（★★）

テントウムシ科　【雲紋天道虫】
ウンモンテントウ

美しい斑紋の山地性のテントウムシ。詳しい生態は不明だがアブラムシを食べる姿が目撃されている。
●北海道〜九州 ●4〜9月 ●6.7〜8.5mm（★）

テントウムシ科　【六星天道虫】
ムツボシテントウ

約2mmの極小テントウムシ。日本では♀だけで繁殖すると考えられている。
●本州〜九州 ●4〜12月 ●2〜2.6mm（★★）

テントウムシ科　【十三星天道虫】
ジュウサンホシテントウ

一見ハムシのように見える。水辺のヨシ原に多い。羽化後は黄色でだんだん赤くなる。
●北海道〜九州 ●4〜10月 ●5.6〜6.2mm（★）

長い触角があやしい!テントウムシにそっくりな虫

ゴミムシダマシ科【偽黒星天道偽塵芥虫】
ニセクロホシテントウゴミムシダマシ

名前の長さは日本トップクラス。やや山地性で、苔むした木材に多い。
●本州、四国 ●4〜10月 ●3〜4mm（★★）

ハムシ科　【縁黒天道蚤金花虫】
ヘリグロテントウノミハムシ

テントウムシそっくりだがハムシの仲間。キンモクセイ、ヒイラギ、ネズミモチなどの葉を穴だらけにする。
●本州〜南西諸島 ●3〜9月 ●約3.5mm（★★）

ヘリグロテントウノミハムシの食草ヒイラギモクセイは垣根としてよく植えられ、ボロボロに食われている。

ゾウムシの仲間

ゾウムシ科　【尾白脚長象鼻虫】

オジロアシナガゾウムシ

本州～九州　4～11月
9～10mm（★）

林縁や草地のクズに産卵し、虫こぶの中で幼虫が育つ。成虫越冬する。春に草むら脇の手すりで発見。

鳥のフン擬態と言われている

成虫越冬で、春に土をつけたままぼーっとしている個体を見かける

ゾウムシ科【姫白瘤象鼻虫】

ヒメシロコブゾウムシ

本州～南西諸島　4～7月
12～14mm（★★）

全身が白い鱗片に覆われ、上翅の中央に黒色部があるのが特徴。ヤツデやタラノキの葉を食べる。

オサゾウムシ科【十星長象鼻虫】

トホシオサゾウムシ

本州～九州　5～8月
6～8mm（★★）

本来はクリの花や樹液に集まる。すぐ落ちたり飛んだりするので注意。普通種だが手すりではまれ。

ツユクサに産卵する

ゾウムシの仲間は近づくと脚を縮めて死んだふりをする。手すりからポロリと落ちるので注意。

コウチュウ目
春
平地
低山
草地
水辺

まだまだいる ゾウムシ

ゾウムシは葉や実を食べる草食性のコウチュウ。なぜか手すり上で突っ伏していたり、ぼーっとしていることが多い。

ゾウムシ科【粉吹象鼻虫】

コフキゾウムシ

クズやハギなどマメ科植物につく。葉上で交尾している姿をよく見かける。●本州～南西諸島
●4～7月 ●3.6～7.5mm（★★★）

ゾウムシ科【大三条丸象鼻虫】

オオミスジマルゾウムシ

土下座をするように顔を隠して手すりにとまる。タブノキなどにつく。
●本州～九州 ●11～3月 ●4～4.5mm（★★）

ヒゲナガゾウムシ科【黒斑鬚長象鼻虫】

クロフヒゲナガゾウムシ

目が大きい

カモフラージュ柄のような模様が目立つ。枯れ木に集まるがガードレールや電柱でも見かける。
●本州～九州 ●4～7月 ●4.5～7mm（★★）

ゾウムシ科【アルファルファ蛸象鼻虫】

アルファルファタコゾウムシ

レンゲ、カラスノエンドウなどマメ科を食害する外来種。1980年代に日本に侵入。●北海道～南西諸島
●12～5月 ●12～15mm（★★）

ゾウムシ亜科【鬚細象鼻虫】

ヒゲボソゾウムシ属の一種

美しい金緑色の鱗片に覆われている

針葉樹林のやや暗い手すりで発見。写真での同定は困難。牙つきの個体もいるが、この牙は羽化時の土堀りに使われてすぐ抜けてしまう。
●本州ほか ●4～5月 ●5～7mm（★★）

アルファルファタコゾウムシは農業に大きく被害を与え、日本の侵略的外来種ワースト100に選ばれている。

カミキリムシ科【後白錆天牛】

アトジロサビカミキリ

北海道〜九州　6〜8月
7〜11mm（★★★）

低山〜平地の公園にも多く、色々な広葉樹の枯れ枝を食べる。近づくとポロリと落ちるので注意。

交尾するペア

交尾をしている姿をよく見かける。上翅の後方が白く、鳥のフン擬態と思われる。

タカラダニに寄生されていることがある

尾端が特に折れた枝に似ている

カミキリムシ科【瘤条錆天牛】

コブスジサビカミキリ

本州〜九州　4月
5〜8mm（★★）

4月頭に木陰の手すりで発見。枯れ枝に擬態しており一見カミキリムシには見えない。

木の枝に集まるカミキリムシは擬態をするものが多いが、手すりの上だと不自然に目立ってしまいがちだ。

まだまだいるカミキリムシ

低山の手すりでは春や晩秋にいろんな種類のカミキリムシが見つかる。ただし色彩的には極めて地味で茶色い写真が増えていく。

地味…

カミキリムシ科 【緑黒矮瘤天牛】

ヘリグロチビコブカミキリ

冬でも元気なわずか4mmのカミキリムシ。春先にキブシの枝などに集まる。
●北海道～九州
●12～3月
●3.7～5.5mm（★★）

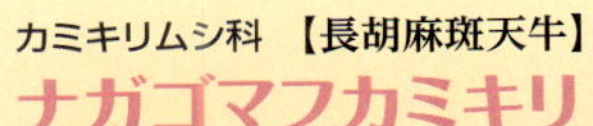

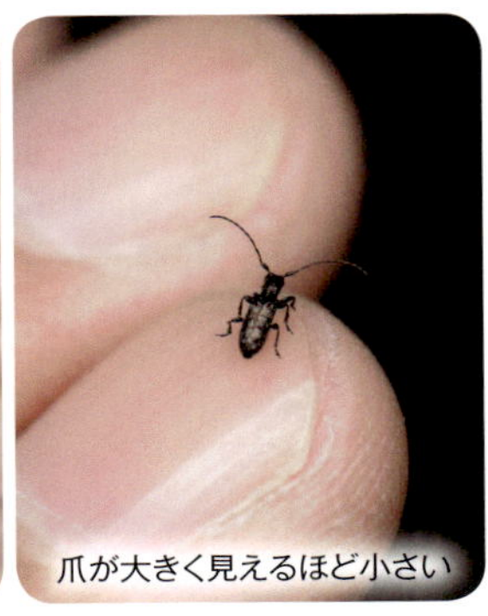

カミキリムシ科 【長胡麻斑天牛】

ナガゴマフカミキリ

広葉樹の伐採枝に多く、都市部でも見られる。金属手すりの下面で発見。●北海道～九州 ●7～8月 ●11～22mm（★★★）

カミキリムシ科 【胡麻斑天牛】

ゴマフカミキリ

広葉樹の伐採枝、衰弱木に集まる。晩秋の木製手すりの上面で発見。
●北海道～九州
●10月 ●10～17mm（★★）

カミキリムシ科 【後紋錆天牛】

アトモンサビカミキリ

晩秋に擬木柵の上面で発見。非常に地味。
●北海道～九州 ●11月 ●7～10mm（★★）

カミキリムシ科 【土井天牛】

ドイカミキリ

オニグルミやスギにつく。名前は昆虫研究者の土井久作氏に由来。木柵の上面で発見。
●北海道～九州 ●12月 ●6～8mm（★）

手すりにいるのはほとんどが普通種だが、ドイカミキリは愛好家にも人気があり見つけるとニヤリとする。

春によく見るハムシ

ハムシ科　【小型瑠璃金花虫】

コガタルリハムシ

北海道〜九州　3〜6月
5〜6mm（★★★）

大きな腹部の中には卵が詰まっている

交尾

食草のギシギシに産みつけられた卵

他の虫が少ない3月から見られる。ギシギシ、スイバなどの葉を食べる。しょっちゅう交尾しており、4月頃に幼虫が大きくなる。草地の木柵上で発見。

ハムシ科　【一文字金花虫】

イチモンジハムシ

越冬中

クワ科のイヌビワ、オオイタビなどの葉につく。3月に低山の林縁の手すりで発見。

●本州〜九州 ●3〜7月 ●7〜9mm（★★）

ハムシ科　【後星金花虫】

アトボシハムシ

成虫越冬でよく飛ぶ。アマチャヅル、カラスウリにつく。明るい林縁の手すりで発見。

●本州〜九州 ●3〜9月 ●5〜6mm（★★）

ハムシ科　【黄星筒金花虫】

キボシツツハムシ

模様はオシャレだがタレ目顔。クリの花などにも集まる。都市公園の木柵上で発見。

●本州〜南西諸島 ●5〜6月 ●3〜4.3mm（★★）

ハムシ科　【猪子鎚亀子金花虫】

イノコヅチカメノコハムシ

交尾

死ぬと輝きは失われる

本来はイノコヅチにつく。ヒメカメノコハムシに似ている。やや暗い草地の木柵で発見。

●北海道〜南西諸島
●4〜11月
●約5mm
（★★）

コウチュウ目　春　平地　低山　草地　水辺

ハムシの仲間には成虫越冬する種類が多く、春の芽吹きとともに活発に活動を始める。

まだまだいるハムシ

普段ハムシは植物上に生息しているが、飛んで移動する際に、手すりを中継基地として利用しているようだ。

ハムシ科【胡桃金花虫】

クルミハムシ

オニグルミやサワグルミにつき、幼虫はカメノコテントウ(p.104)に捕食される。開けた手すりで発見。
●北海道～九州 ●3～5月 ●7～8mm(★★)

ハムシ科【黒瓜金花虫】

クロウリハムシ

ハムシの最普通種。あらゆる環境で見られる。カボチャなどウリ類の葉を食害する。
●本州～南西諸島 ●3～10月 ●約5mm(★★★)

ハムシ科【頭黒黄金花虫】

ズグロキハムシ

春にイヌシデ、トサミズキにつく。春にやや暗い林の手すり上面で発見。
●本州～九州 ●4月 ●5～6mm(★★★)

ハムシ科【蓬金花虫】

ヨモギハムシ

秋には産卵場所を探して地表付近を歩き回る。卵越冬する。草地近くの手すりで発見。●北海道～南西諸島 ●5～12月 ●7～10mm(★★)

ハムシ科【二星大蚤金花虫】

フタホシオオノミハムシ

サルトリイバラの葉につく。ももが太く、ノミのようにジャンプする。毎年尾根道の手すりで出会う。
●本州～九州 ●4～7月 ●7mm(★)

ハムシ科【銅金猿金花虫】

ドウガネサルハムシ

ヤブカラシ、ノブドウなどにつく。かなり小型のハムシ。草地近くの手すりで発見。
●本州～九州 ●3～11月 ●3～4mm(★★)

ハムシはそれぞれ特定の植物について葉を食べるため、ハムシの種類からその環境の植物を推理することができる。

見つけたいチョウ・ガ

タテハチョウ科【瑠璃蛺蝶】

ルリタテハ

日本全国　3～11月
開帳50～65mm（★★★）

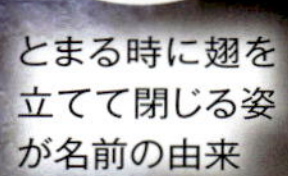
とまる時に翅を立てて閉じる姿が名前の由来

成虫越冬で3月から活動するチョウ。雑木林の明るく開けた場所を好み、チョウの仲間では手すりでの遭遇率はNo.1。警戒心が強く、近づくとパッと飛び去ってしまうが、根気よく待っていると同じ場所に戻ってくる。

樹液にも集まる

スズメガ科【雲紋雀蛾】

ウンモンスズメ

北海道～九州　4～9月
開張65～80mm（★★）

羽化直後の個体。翅が伸びきって飛べるようになるまでは時間がかかる

抹茶系の濃淡模様

食草であるケヤキのすぐ目の前の手すりで羽化しているのを発見。灯火にもよく来る。幼虫の食草はケヤキ、マユミなど。普段は雑木林などにいる。

翅の裏側は黄色っぽい

正面顔

ウンモンスズメは夜の犬の散歩時に発見し、家にカメラを取りに帰った。翌々年も同じ手すりで目撃している。

シジミチョウ科　【水色尾長小灰蝶】

ミズイロオナガシジミ幼虫

北海道～九州　4～6月

↔約16mm（★★）

コナラやクヌギの木の下の手すりで見つかる緑色のイモムシ。風の強い日の翌日に多い。

シジミチョウ科【裏波赤小灰蝶】

ウラナミアカシジミ幼虫

北海道～四国　4～6月

↔約19mm（★★）

幼虫、成虫ともにミズイロオナガシジミと同じような環境で見つかる。都市公園でも見つかることが多いので、短いイモムシに注意してみよう！

手すりにとまるチョウ

手すりで見かけるチョウは、明るく開けた場所を好むタテハチョウの仲間が多い。手すりの下面で蛹も見つかる。

テングチョウ（タテハチョウ科）

ヒオドシチョウ（タテハチョウ科）

シジミチョウ2種の成虫は、日中にも葉裏やクリの花などで見つかるが、夕方から活発に活動する。

ドクガ科 【黄脚毒蛾】

キアシドクガ

北海道〜九州　5〜6月

幼35〜40mm. 開44〜46mm（★★★）

春〜初夏にミズキを中心とした広葉樹で発生する。蛹化場所に手すりのような人工物を好む。時に大発生しニュースになる。

蛹

繭を作らず尾端を固定して蛹になる

蛹化したては白っぽい

時間が経つとオレンジ色になる

本来は枝などで蛹化して羽化する

手すり下で交尾するペア

キアシドクガの大発生

大発生は数年に渡り、食害によってはミズキが枯れてしまうこともある。発生時にミズキの木の下に駐車すると車が蛹だらけになっていたりする。

キアシドクガの蛹の抜け殻は風雨に強く、1年以上経っても手すりに残っていることがある。

ヤママユガ科　【大水青蛾】

オオミズアオ幼虫

北海道～九州　6～7月、8～9月

約70～80mm（★★）

都市部の公園でも見かける大型の美しいガ。春夏に2回発生する。以前成虫を拾ったところ、手の中に産卵されてしまい飼育したことがある。

東京都区内の公園では大型のヤママユガ科は激減しているが、オオミズアオだけは生き残っている。

タテハチョウ科　【黒日陰蝶】

クロヒカゲ幼虫

北海道〜九州　3〜10月
約35mm（★）

小鬼のような角が特徴。アズマネザサなどイネ科のササ類の葉裏につく。成虫は地味ながら美しいジャノメ（蛇の目）模様をもつ。

終齢になると角がもっと伸びる

ガのようだがれっきとしたチョウ

ヤガ科　【虹帯紅厚翅蛾】

ニジオビベニアツバ幼虫

本州〜沖縄　3〜11月
約25mm〜（★）

成虫写真提供：川邊透

指に乗せたところ

本来は九州などの南方に多く生息しているが、近年北上し2010年には東京でも発見されている。

手すりのイモムシの中には人の気配で上半身をそらして警戒する種類もいるので、静かに近づこう。

シャクガ科　【青尺蛾】

アオシャク亜科の幼虫

早春に照葉樹林下の手すりで発見。タワーを背負ってわっせわっせと歩いていた。

●本州ほか ●3月 ●約20mm（★★）

マダラガ科　【蓑薄翅蛾】

ミノウスバ幼虫

春、食草であるマユミ、ニシキギ、マサキ、ツルウメモドキの若葉に集団で発生する。成虫は秋に現れる。

●北海道～九州

●3～7月 ●15～20mm（★★★）

ヤガ科　【黄下翅蛾】

キシタバ幼虫

派手な黄色で人工物に見える。本来はフジにつき、つるの先などで静止する。

●本州～九州 ●4～6月 ●60～65mm（★★）

マユミの葉を糸で貼り合わせ、巣を作って葉を食べる

マユミの木の下の手すりには幼虫がいっぱい。降りて土中で蛹になる

チョウとハバチの幼虫の見分け方

手すりにはチョウ目の幼虫のほかにハバチ（ハチ目）の幼虫もいるが、同定が難しい。

チョウ・ガの幼虫
単眼の集まり
腹脚は4対

ハバチの幼虫
単眼のみ

腹脚は5対以上

いろいろなハバチの幼虫たち

まだまだいる春のイモムシ

木から落ちたのか、食樹を探しているのか、土に潜って蛹になりたいのか…。手すりを歩き回るイモムシたちを観察してみよう！

ヤガ科 【烏夜盗蛾】
カラスヨトウ幼虫

サクラ、タンポポなどにつく。よく似た種にオオシマカラスヨトウがいるが、尾部がより隆起する。
●北海道〜九州 ●4〜6月 ●約35mm（★★★）

シャクガ科 【岡本棘枝尺蛾】
オカモトトゲエダシャク幼虫

鳥のフン擬態

成長すると白×緑に

食草はクルミ、ニレ、ツバキ、リョウブ。和名は昆虫学者の岡本半次郎に由来する。
●北海道〜九州 ●4〜5月 ●35〜40mm（★★）

ヤガ科 【白縁切蛾】
シロヘリキリガ幼虫

サクラ、コナラ、アラカシなどにつく公園に多いイモムシ。毒はない。●北海道〜九州 ●4〜5月 ●約35〜40mm（★★）

シャクガ科 【姫鋸目枝尺蛾】
ヒメノコメエダシャク幼虫

雑木林でよく見かける。食樹はキブシ科、ミツバウツギ科。成虫は晩秋に出現する。
●北海道〜九州 ●4〜5月 ●約42mm（★★）

シャクガ科 【新渡戸枝尺蛾】
ニトベエダシャク幼虫

サクラ、アラカシ、クワなどの広食性。実際は写真よりも白く見える。成虫は秋に出現。
●本州〜九州 ●4〜5月 ●約35mm（★★）

ハマキガ科 【天鵞絨葉巻蛾】
ビロードハマキ幼虫

幼虫

黄色とグレーの体

黒いドット模様

成虫

派手な成虫

クスノキ、カシ、カエデなど広食性。南方種だが近年北上し分布を拡大している。
●本州〜屋久島 ●4〜5月 ●28〜30mm（★★）

子供の頃ビロードハマキは憧れの蛾だったが、温暖化のせいか普通種になってしまい複雑な気持ちである。

毒のある毛虫は一部なんだね

ヒトリガ科 【桑胡麻斑灯蛾】

クワゴマダラヒトリ幼虫

3月に出現し、クワの新芽やブナ科の葉を食べる。5月ごろまで春の手すりでよく見かける。

●北海道～九州 ●3～6月

●約50mm/開帳41～48mm（★★★）

ドクガ科 【舞々蛾】

マイマイガ幼虫

広葉樹から針葉樹まで100種類以上の植物を食べ大発生時にはニュースになる。一齢幼虫のみ弱い毒がある。●北海道～九州 ●4～6月

●55～70mm（★★★）

手すりのイモムシはみんなの食料

イモムシは数が多いせいか、アリ、クモ、サシガメなどさまざまな手すり上の捕食者の食料となる。かわいそうだが、食べられることで生態系の重要な一角を担っている。

ガの幼虫を狩って肉団子にするクロスズメバチ

カバキリガの幼虫を捕食するワカバグモ

死んだシロシタケンモンの幼虫の体液に集まるムーアシロホシテントウとクサカゲロウの幼虫

ガの幼虫の体液を吸うヤニサシガメ

マイマイガ幼虫は吐いた糸で木からぶら下がり、風に吹かれて移動するため「ブランコ毛虫」とも呼ばれる。

ナナフシ科　【擬七節／七節】

ナナフシモドキ(ナナフシ) 幼虫

本州～九州　4～6月

70～100mm(★★★)

植物の枝に擬態することで有名。都心部～低山地までサクラやエノキの多い公園などの手すりで見られ、若齢の幼虫は4月頃から現れる。若齢の幼虫は集団で行動する。

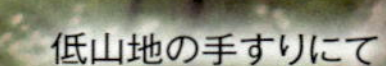
低山地の手すりにて

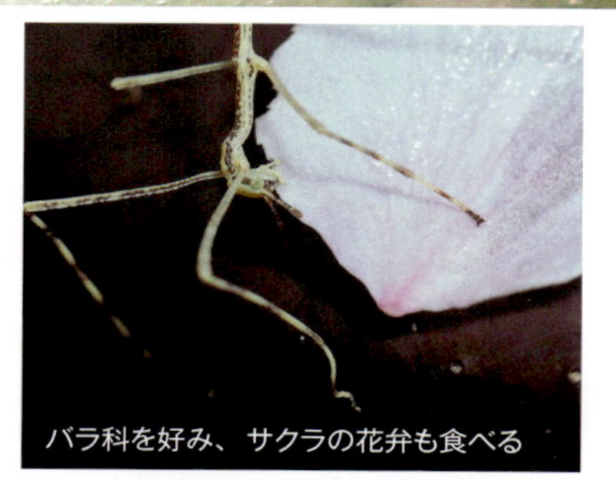
バラ科を好み、サクラの花弁も食べる

エノキの葉上

近づくと前脚を上げ、全身を揺らして警戒する

幼虫　顔側面

成虫　顔側面

ツノ状の突起が大きい

脚のつけ根が褐色

成長するにつれて、食草の樹上に移動する。葉の主脈上にそってじっとしている姿をよく見かける。

ナナフシ目

春

平地

低山

草地

水辺

アマガエルの乗ったロープを足早に通過する幼虫

ナナフシモドキの再生脚

ナナフシの仲間の脚は外れやすく、敵や事故にあうと自切して生きのびることがある。

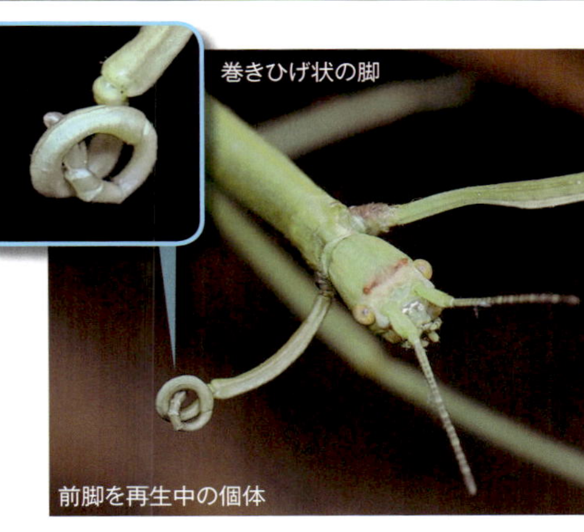
巻きひげ状の脚

前脚を再生中の個体

ナナフシモドキの脱皮

ナナフシ類は5～6回脱皮して成虫になる。脱皮は葉裏などでぶら下がって行われる。脱皮後の殻は食べてしまうことがある。

草むらで見つけた脱皮殻

エダナナフシとの違い

よく似た種類にエダナナフシがいるが、ナナフシモドキよりも触角が長い。

エダナナフシ

ナナフシの仲間は幼虫でも10mm以上あるので、手に乗せたりして観察してみよう。

春のアブの仲間

ムシヒキアブ科【曲毛虫食虻(虫引虻／虫挽虻)】

マガリケムシヒキ

北海道～九州　4～8月

14～23mm(★★★)

ムシヒキアブの中でも最も普通に見られ、春に一番乗りで現れる。公園の手すりなどに点々ととまる姿を見かける。他の小昆虫を捕らえて体液を吸うハンター。

小型で細身。個体によって警戒心に差がある

獲物を捕らえるため複眼が発達している

頭の後ろに曲がった毛があるのが名前の由来

ハエ目

春

平地

低山

草地

水辺

春、虫が増えてくると捕食性のマガリケムシヒキが現れる。ムシヒキアブは人間や動物を刺さない。

ムシヒキアブ科　【大石虻】

オオイシアブ

本州～九州　4～6月
15～30mm（★★）

全身が黒く、光沢がある

春から初夏にかけて草地で見られる大型のムシヒキアブ。明るい林縁の樹幹や見晴らしのいい手すりにとまって、獲物を待ち伏せする姿を見かける。

すねと腹部の第2節以降にオレンジ色の毛がある

獲物（虫）が縄張りに入ると飛びかかり、捕獲して体液を吸う

上面

ムシヒキアブ科　【茶色大石虻】

チャイロオオイシアブ

腹部の第4節以降にオレンジ色の毛がある。
北海道～九州　4～6月　15～25mm（★）

ハエ目

春

平地
低山
草地
水辺

毛むくじゃらで脚がムキムキした筆者の好きなアブ。このアブが待ち伏せする場所は飛び交う虫が多い。

手すりにすむアリ

アリ科　【帝大蟻】

ミカドオオアリ

本州～屋久島　5～8月
8～11 mm（★★）

手すりで見かけることの多い大型のアリ。夜行性だが暗い環境では日中も活動している。

腐食した金属手すりの中に巣を作っていた

手すりの住まい

本来は太い枯れ枝や朽木中に営巣するが、手すりを住居にすることがある。5～6月に結婚飛行を行う。

欄干の隙間から新女王と♂アリが結婚飛行に旅立つ様子

アリ科　【梅松大蟻】

ウメマツオオアリ

ミカドオオアリと同じ環境の手すりで見つかる中型のアリ。ミカドより小さくずんぐりした体型だが、同定がかなり難しい。

本州～九州　5～8月　4～6mm（★★）

大型の働きアリ

枯れ枝の中で越冬中

最初は「なんだアリか」とスルーしていたが、手すりを利用するアリの姿を見て興味をもち、好きな虫になった。

ハチ目　春　平地　低山　草地　水辺

夏の手すり

6月、新緑の手すりでは、早くから活動するコクワガタや美麗なカミキリムシが見つかります。
7月の梅雨明けには、きらめくタマムシやオオトラフコガネがいることも。
8月には虫の数が少し減りますが、朝夕の手すりではセミの羽化が観察できます。熱中症や蚊に気をつけて。

成虫

体と前翅は美しい淡緑色

後縁は赤い

アオバハゴロモ科　【青翅羽衣】

アオバハゴロモ

本州～南西諸島　7～10月

9～11mm（★★★）

エメラルドグリーンの翅をもつ小さなセミのような虫。都市部～低山地まで、夏の林縁の手すりに多く見られる。学名の*Geisha*は「芸者」に由来する。近づくとジャンプして逃げる。

幼虫の集団。排泄した白いワックス（ロウ物質）で枝をくるみ、その中で暮らしている

成虫の集団。アジサイ、各種広葉樹など様々な植物に寄生して吸汁する

ハゴロモ科　【編笠羽衣】

アミガサハゴロモ

本州～九州　7～8月

10～13mm（★★★）

夏に市街地～低山地の林縁で見つかる。カシ類の葉上に多い。成虫は翅を開いてとまる。

幼虫は尾端にファイバー状のワックス（ロウ物質）を広げて、傘のように自分の体を隠して生活する

上から見た葉上の幼虫

ハゴロモの仲間は発生数が多いせいか、クモやクサカゲロウの幼虫など、様々な虫の餌になっている。

ハゴロモ科　【鼈甲羽衣】

ベッコウハゴロモ

本州～南西諸島　7～8月
9～11mm（★★★）

アミガサハゴロモと同じく、幼虫は尾端にファイバー状のワックス（ロウ物質）をつけて生活する。草地のクズ群落やミカンなどの柑橘類に集団で寄生する。

ハゴロモヤドリガに寄生された個体。ハゴロモ類に寄生するガの幼虫で、十分に成長すると離れて蛹になる

尾端を反らせるとワックスの傘が体を隠す

カメムシ目　夏　平地　草地

ハゴロモ科　【透翅羽衣】

スケバハゴロモ

本州～九州　8～9月
9～10mm（★）

前に登場した3種に比べると数はやや少ない。透明度の高い翅がよく目立つ。クワ、ウツギ、キイチゴなどに寄生する。

透明な翅に黒い縁取りがある

ハゴロモ幼虫のファイバーはつまむと取れてしまうが、排泄物なので時間がたつと再生する。

ハネナガウンカ科　【赤翅長浮塵子】

アカハネナガウンカ

本州～九州　7～10月
9～10mm（★★）

夏に出現しススキの茎や葉について汁を吸う。草むら脇の手すりで遭遇した。瞳のような黒点はカマキリ目（p.78～79）と同じ「偽瞳孔」で、どこから見ても目が合う。

体色は濃いオレンジ色

翅は透明

偽瞳孔　じっ…

正面から見たようす

ススキの茎で交尾するペア

ヨコバイ科　【斑脈横這】

ブチミャクヨコバイ属の一種の幼虫

成虫の翅脈が点線状であることが名前の由来。エビのような見た目で、威嚇すると腹部をエビ反りにする。クヌギなどについて汁を吸う。

●本州ほか　●5～8月　●5～6mm

アワフキムシ科【天狗泡吹虫】

テングアワフキ

頭部が天狗の鼻のように伸びたアワフキムシの仲間。幼虫は自分の排泄物で作った泡の中で暮らす。山地性でアザミ、ヨモギ類などにつく。

●本州～九州　●6～9月　●10～12mm（★★）

アカハネナガウンカの偽瞳孔がいやらしい目に見えるのは私だけでしょうか。

ヨコバイ科【耳蝉】

ミミズク

本州～南西諸島　5～12月

14～18mm（★）

平べったい体のせいかあまり目につかず、ばったり出会えるとうれしい虫。クヌギ・コナラの多い雑木林のやや暗い手すりで幼虫・成虫を見かけることが多い。

♂の耳状突起は後方に流れる

♂成虫

捕まえようとするとジャンプして逃げる

一対の耳状突起があり、♀の突起は前方へ突出する

側面

裏面

♀成虫

幼虫

幼虫側面

苔むした緑色

幼虫は扁平な体型をしており樹皮に紛れやすい色をしている

♂成虫の頭部。下から見るとセミのような顔が隠れている

鳥の名前として有名なミミズクと同じ名前の虫。近い仲間にコミミズク(p.116)もいる。

キンカメムシ科 【赤条金亀虫】

アカスジキンカメムシ

本州～九州　5～11月
↔ 16～20mm（★★★）

1年中幼虫の姿を手すりで見ることのできるキンカメムシの一種。メタリックな光沢をもつ。様々な広葉樹の汁を吸うため都市部の公園にも多い。

自宅で羽化させた成虫。成虫を手すりで見かけるのはまれ

成虫

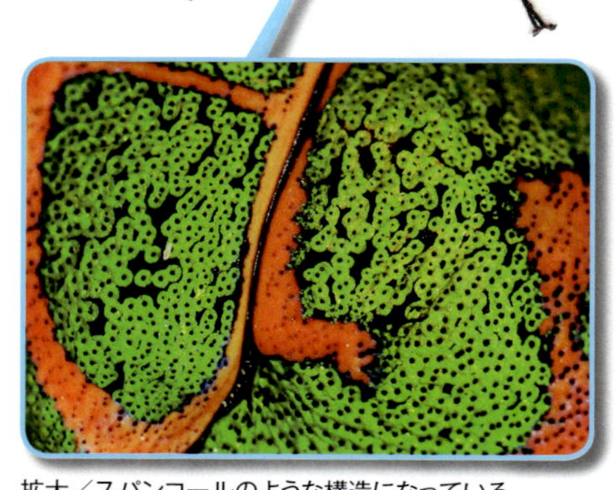
拡大／スパンコールのような構造になっている

魔法の構造色

死ぬと黒っぽくなってしまうが、少量の水をたらすと生前の美しい緑色がよみがえる。これは、乾燥で間隔が狭まった多層膜の中に水が染みこんで膨張し、メタリックな構造色が復活するのだと考えられている。

5月に手すりで捕まえた終齢幼虫をスポーツドリンクで育てると、羽化して成虫になった。

アカスジキンカメムシの暮らし

食樹であるミズキやコブシの木に集まって暮らすが、葉が落ちる頃になると幹や地表に降りてくるため、秋から春にかけて幼虫の姿を頻繁に手すりで見かける。

❶孵化（夏～秋）
卵の中に目が浮かび上がっている

❷集団（夏～秋）
幼虫は集合と分散を繰り返しながら成長する

❸手すり期（秋）
葉が落ちると手すりに多く出現する

❹越冬（冬～春）
終齢幼虫の姿で手すりなどにしがみついて越冬する

❺羽化（初夏～夏）
成虫は樹上で暮らすためあまり目につかない

❻交尾～産卵（初夏～夏）
ミズキやコブシの実を吸汁し、交尾産卵する

成虫は派手な色と柄で目立ちそうだが、葉上ではとても見つけにくい。幼虫は鳥のフン擬態だと思われる。

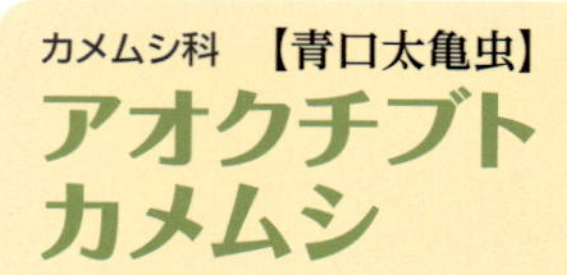

カメムシ科 【青口太亀虫】

アオクチブトカメムシ

北海道～九州　5～10月

↔ 18～23mm（★）

メタリックで美しい大型のカメムシ。ガの幼虫などを捕まえて太い口吻で吸汁する。低山地に多い。

肉食性

口吻は折りたたみ式で平たい

カメムシ科 【角青亀虫】

ツノアオカメムシ

同じ環境で見つかり、似ているが別種

●北海道～九州 ●8月 ●17～24mm（★）

ヒラタカメムシ科 【鳶色大扁亀虫】

トビイロオオヒラタカメムシ

本州～九州　4～8月

↔ 6.5～8mm（★★）

最も普通に見かけるヒラタカメムシの仲間。普段は樹皮下で暮らしているが拡散期には外へ出るようだ。

ヒラタカメムシの仲間は樹皮下で菌糸などを食べて生活するため、非常に体が薄い。

サシガメ科　【脂刺亀】

ヤニサシガメ

本州～九州　5～7月
12～16mm（★★★）

黒っぽい体にベタベタする物質（マツヤニ）をつけたサシガメ。冬場の手すりでもしょっちゅう見つかる。動きはのろいが他の虫を捕食して汁を吸う。

ガードレールでクモを捕食する幼虫

マツの雄花に集まる幼虫

サシガメ科　【大跳刺亀】

オオトビサシガメ

本州～九州　8～11月
20～27mm（★★）

日本最大級のサシガメ。手すりや葉上で前脚を広げて待ち伏せをしている。スギなどの樹皮下で越冬する。

手すり上面で待ち伏せる成虫

オオトビサシガメは目が良く、人間が近づいても威嚇してくる。長い口吻で刺されるとかなり痛いらしい。

クサカゲロウの仲間

クサカゲロウ科 【四星赤斑草蜉蝣】

ヨツボシアカマダラクサカゲロウ幼虫

北海道〜九州 5〜9月
5〜7mm（★★★）

クサカゲロウの仲間の幼虫は、手すりや葉上を徘徊し大きなキバで獲物をとらえ体液を吸う。幼虫はゴミを背負う塵乗せタイプと裸タイプがいる。本種はアオバハゴロモ（p.46）の幼虫が分泌するロウ物質を集め、それに身を隠して狩りをする。

塵乗せタイプ

アオバハゴロモの幼虫

ヒメカラスハエトリに捕食された個体

アミメカゲロウ目
夏
平地
低山
草地
水辺

クサカゲロウ科 【顔斑草蜉蝣】

カオマダラクサカゲロウ幼虫

塵乗せタイプ

アブラムシの死骸や植物片などを背負ったまま徘徊し、色々な虫を捕食する。冬に成虫になる。→ p.120
●本州〜南西諸島 ●5〜9月 ●約7mm（★★★）

クサカゲロウ科 【鈴木草蜉蝣】

スズキクサカゲロウ幼虫

裸タイプ
オビマルツノゼミ幼虫を捕食

初夏から秋まで手すりや葉上で見かけるクサカゲロウの幼虫。超スピードで徘徊し出会った虫に一瞬で噛みつく。
●本州〜九州 ●5〜8月 ●約5mm（★★）

クサカゲロウ科の幼虫の同定には顔の模様が決め手になるので、真上から顔のアップを撮っておこう。

手すりにとまるトンボ

トンボ科　【大塩辛蜻蛉】

オオシオカラトンボ

日本全国　6〜8月
↔ 49〜61mm（★★★）

シオカラトンボよりひとまわり大きく色が鮮やか。低山地〜市街地まで、少し薄暗い水辺環境で普通に見られる。

ロープ柵にとまっているのをよく見かける

トンボの尾上げ姿勢

暑い日にロープ柵を見ていると、尾端を高く上げてとまっているトンボに出会うことがある。これは「オベリスク姿勢」と呼ばれ、日の当たる表面積を減らして体温の上昇を防ぐ効果があるのだという。

ナツアカネのオベリスク姿勢

オナガサナエの
オベリスク姿勢

トンボ目

夏

平地
低山

水辺

手すりや柵にとまるトンボは一度離れても戻って来ることが多いので、根気強く静かに待とう。

手すりを利用するハチ

刺

スズメバチ科 【黄脚長蜂】

キアシナガバチ

本州～南西諸島　4～10月
18～23mm（★★）

春～夏に木柵のアシナガバチを観察すると、巣の材料になる木の皮をかじり取り唾液と混ぜ、薄く伸ばして持ち帰る行動が見られる。キアシナガバチはやや山地よりに生息する普通種。

春には越冬した女王バチが、夏には働き蜂が巣の材料を集める

好みがあるらしく、毎年同じ木がかじられている

体を温めるのに手すりを利用する。11月に撮影

前伸腹節に一対の黄色い縦紋がある

スズメバチ科 【背黒脚長蜂】

セグロアシナガバチ

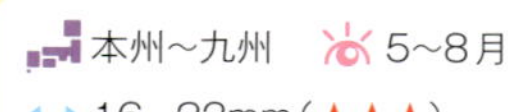

本州～九州　5～8月
16～22mm（★★★）

枝葉のそばに作られた巣

刺

前伸腹節は黒い

最も普通に見られる大型のアシナガバチで、平地に多い。人家の軒先や藪の中の枝などに巣を作り、チョウやガの幼虫を狩る。

アシナガバチは主にイモムシを狩るが、吐き戻した獲物の体液を巣材に混ぜて撥水性を高めることが知られている。

ミツバチ科 【小丸花蜂】

コマルハナバチ

本州〜九州　3〜9月
10〜21mm（★★）

女王は春から活動し巣を作るが、♂は手すりや葉上でボーッとしている姿を見かける。ものすごくかわいいハチ界のピカチュウ。

うまくいけば手のせもできる！（♂のみ）

♀は黒く、尾端がオレンジ色

葉上で体を温める♂。コロッケのようだ

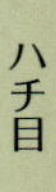
ハチ目

夏

平地

クモバチ科 【波姫蜘蛛蜂】

ナミヒメクモバチ

クモバチの仲間は、クモに麻酔をかけ、巣穴へ運んで卵を産みつける。狩ったクモをくわえて手すりや葉上で一息ついている姿を見かける。

●北海道〜南西諸島
●5〜6月
●6〜11mm（★★）

獲物のクモにまたがり、糸イボをくわえて運搬している

木柵の上でクモを狩る類似種

ナミヒメクモバチにはまだ分類されていない複数の種が含まれている（種複合体：詳しくはp.131へ）と考えられている。

ガの幼虫

成虫写真提供：川邉透

側面から見た様子。脚や頭部は隠れて見えない

イラガ科 【赤刺蛾】

アカイラガ幼虫

北海道〜屋久島　7〜10月
約18mm（★★）

サクラ、コナラ、カキの葉を食べる。プルプルしたグミ状の体は涼やかな印象で触ってみたくなるが、背面のトゲ（突起）には毒がある。夏〜秋に2回発生する。

背面にはコブ状の突起が並ぶ

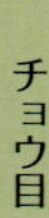
チョウ目

夏

平地
低山
草地
水辺

シャチホコガ科【細翅鯱鉾(天社)蛾】

ホソバシャチホコ幼虫

ジガバチに狩られる個体

緑色のベストを着たような柄の大型イモムシ。ブナ科の葉を食べる。

●北海道〜屋久島 ●5〜8月 ●約40mm（★★）

イラガ科 【姫黒刺蛾】

ヒメクロイラガ幼虫

蛹になるため木から降りて手すりに集まった幼虫

サクラ・カキなどにつく暗い黄色の毛虫。5〜8月の間に2回発生する。

●本州〜九州 ●8月 ●約25mm（★★★）

成熟したアカイラガの幼虫は、突起（トゲ）をすべて外して土に潜り蛹になる。

マダラガ科　【蛍蛾】

ホタルガ幼虫

本州～九州　4～10月
約20～25mm（★★）

夏に2回発生し、ヒサカキ、マサキなどの食草近くの手すりでよく見かける。触るとかぶれる場合があるので注意。成虫は昼行性で、色合いがホタルに似る。

灰、黄、黒のはっきりした模様

成虫は都市部でもよく見かける

ヒサカキ上の幼虫

手すりにはどんな虫が多いのか

2016～2018年の2年間、4種類の環境の手すりを約150回巡回し、撮影した約557種類の虫をグループ（目）ごとに分けると左図のような割合になった。出現する虫の割合は地域や環境によって変化すると思うので、みなさんの近くの手すりではどんな虫が多いのかぜひ調べてほしい。

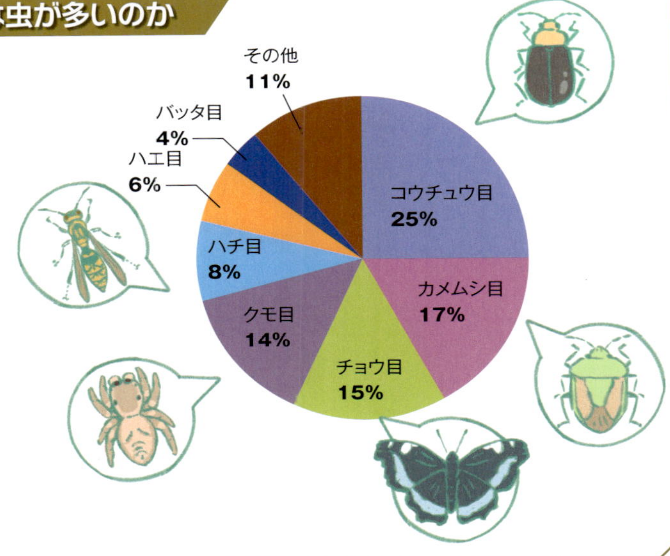

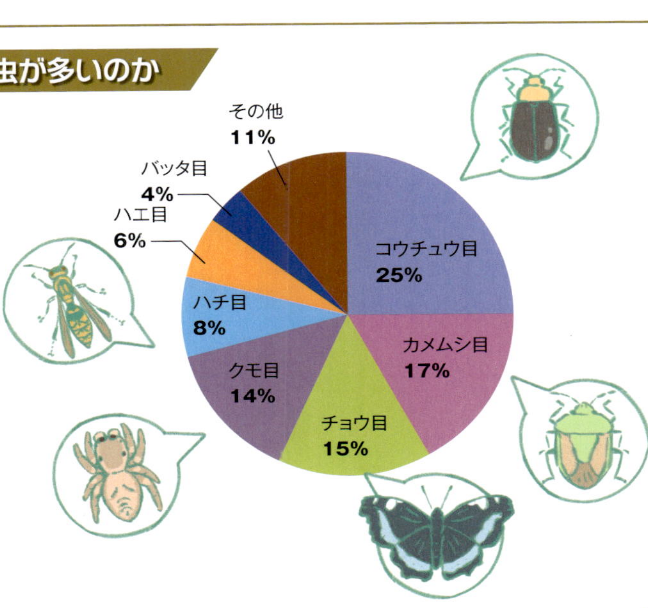

手すりの虫の最大の敵は掃除で、ブロワーなどで周囲をきれいに掃除されると卵や蛹もなくなってしまう。

チョウ目
夏
平地
低山
草地
水辺

コガネムシ科【大虎斑金亀子/大虎斑花潜】

オオトラフコガネ（オオトラフハナムグリ）

本州〜九州　6〜8月
12〜16mm（★）

初夏から夏にかけての短い時期に発生する美麗ハナムグリ。♂は特に派手で触角が立派。山地性で花に集まる。登山客が行き交う山道の木柵で発見。

手に乗せた様子

ゾウムシ科【斑脚象鼻虫】

マダラアシゾウムシ

本州〜九州、対馬　5〜10月
14〜18mm（★★）

広葉樹林で見られ、クヌギやアラカシやヌルデの新芽に集まる普通種。樹液や灯火にも飛来する。低山の開けた手すりで遭遇。

樹皮にとまっていると、まったくわからない

虫はつぶれそうだから怖いという人には、硬くて頑丈な種が多いゾウムシがオススメだ。

タマムシ科【吉丁虫(大和吉丁虫)】

タマムシ(ヤマトタマムシ)

本州～南西諸島　7～8月
24～40mm(★★)

盛夏に現れるきらめく甲虫。♂は炎天下にエノキやケヤキの木の周りを活発に飛び回る。♀はケヤキなどの枯れ木などに産卵し、幼虫は材を食べて育つ。

エノキ下の木柵から飛び立つ

腹部も美しい

成虫はケヤキなどの葉を食べる

胸部と上翅に2本の赤い帯がある

コウチュウ目

夏

平地
低山
草地
水辺

タマムシ科【胸赤長吉丁虫】

ムネアカナガタマムシ

前胸は赤紫色で、細かい横ジワがある

エノキ、ケヤキに集まる。西日本から東日本へと分布が広がっている。
●北海道～九州 ●5～7月 ●7～11mm(★★)

タマムシ科【六星吉丁虫】

ムツボシタマムシ

上翅に6つの金色の紋が並ぶ

様々な種類の枯れ木に集まる。曜変天目茶碗のような渋い紋がある。●北海道～奄美大島 ●5～8月 ●7～12mm(★★)

暑い日のヤマトタマムシはすぐ飛び立つので、手すりで撮れた写真は奇跡の一枚。

エンマムシ科　【大扁閻魔虫】

オオヒラタエンマムシ

本州～九州　4～10月

8～11mm（★）

強い光沢

ダニがついていることが多い

小さく平たい体型の造形美あふれるコウチュウ。本来は樹皮の下や樹液で見られハエの幼虫などを食べる。

黒塗りの高級車感がある

樹皮下などで暮らすため、手足をきっちり収納できる

ゴミムシダマシ科　【日本木廻/木回】

ニホンキマワリ

北海道～九州　7～8月

16～24mm（★★）

朽木で育つため老木などの樹表に多い。見つかると木をまわりこむように隠れることが名前の由来。

ゴミムシダマシ科　【里弓脚偽塵芥虫】

サトユミアシゴミムシダマシ

本州～九州　4～8月

21～28mm（★★）

朽木を食べる大型のゴミムシダマシ。日中は手すりの裏側に潜むことがある。弓状の脚が名前の由来。

サトユミアシゴミムシダマシを夜間に樹表で見かけると、「おっクワガタ!」と勘違いする。

コウチュウ目　夏　平地　低山　草地　水辺

まだまだいるカミキリムシ

カミキリムシは、春に続き夏も手すりに多い。特に低山地の手すりでは交尾から産卵シーンまで、バラエティに富んだ行動が観察できる。

カミキリムシ科【四条虎天牛】
ヨツスジトラカミキリ

ロープ柵上での交尾

草むらや林縁の手すりで交尾する姿をよく見かける

アシナガバチ擬態のカミキリ。幼虫はサクラなど色々な木を食害する。よく飛ぶがスピードは遅い。●本州～南西諸島 ●6～9月 ●14～19.5mm（★★★）

木柵に直接卵を産む虫は珍しいのでおどろいた。

うむぞー！

たくましい…

木柵に産卵管を突き立てている

カミキリムシ科【黄星天牛】
キボシカミキリ

灰色の体に薄黄色の斑紋

クワ・イチジクに集まりよく飛ぶ。一部地域を除いて外来種の可能性あり。●本州～南西諸島 ●6～10月 ●15～30mm（★★★）

カミキリムシ科【四条花天牛】
ヨツスジハナカミキリ

上翅に黄色い4本の帯

ヨツスジトラカミキリに姿も名前も似ている。クリなどの花に集まる。●日本全国 ●6～9月 ●12～20mm（★★★）

カミキリムシ科【唐金花天牛】
カラカネハナカミキリ

上翅に荒い点刻

里山から山地まで広く生息し、花に集まる。メタリックな体色には変異が多い。
●北海道～九州 ●5～8月 ●8～15mm（★★）

カミキリムシ科【菱天牛】
ヒシカミキリ

白い斑紋

体は赤褐色から暗褐色

4mmほどの小型のカミキリ。枯れ枝に集まる。
●北海道～九州 ●5～8月 ●3～5mm（★★）

クワガタムシ科　【大鍬形虫】

オオクワガタ

北海道〜九州　6月

♂21〜77mm，♀22〜48mm（★）

筆者の地元にある小さな公園の擬木柵で発見。この地域にはコクワガタしかいないので、飼育個体が放された可能性が高い。本土では最大のクワガタで低山地のクヌギのホラなどにすむ。近年、野生個体は減少していると言われる。

かつては黒いダイヤと言われ高値で販売されたが、繁殖方法が確立した現在は数千円から買える

なぜ虫を逃してはいけないのか

買ったり別の場所で捕まえた生物を野生に逃がしてしまうと、その地域の在来種のすみかや食べ物を奪ってしまうおそれがある。また、同じ種類の生物でも生息している地域によって遺伝子が違うため、よそから持ち込んだ遺伝子がその地域に混ざると遺伝的多様性が低下し、病気などへの抵抗力が下がる可能性がある。

虫を安易に放さない

外国産のクワガタが増え、その種に寄生する外来のダニも発見されている。昆虫マットなども野外に捨てないよう注意したい。

買った／採った／育てた 地元以外の虫

飼うのに飽きた

地元で増えたらうれしい

かわいそうだから逃して来なさい

放虫

在来種を脅かし、生態系にダメージを与える

虫を増やしたいなら、虫が増える環境作りが大事！

コウチュウ目　夏　平地　低山　草地　水辺

このオオクワガタは命が尽きるまで筆者の自宅で（保護）飼育している。こんな出会いはしたくなかった。

クワガタムシ科【小鍬形虫】

コクワガタ

日本全国　4～5月
↔ ♂17～54mm, ♀22～33mm（★★）

最も普通に見られるクワガタ。早ければ4月から観察できる。都市部の公園でも、朝や夜に手すりを探すとよく見つかる。

幼虫・成虫ともに越冬し、冬季は倒木を転がしたり朽木を割ると見つかることが多い

看板の垂木に隠れる♂

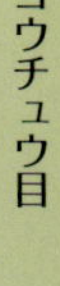

夏

平地

身近な外来種

外来種とは、本来その場所にいなかったが人間によって持ち込まれた生物種を指す。過酷な環境にも適応し、都市部の手すりでも見かける種も多い。その中でも、特に在来の生態系や人間の暮らしに損失を与える可能性のある種は「侵略的外来種」、法律によって採集や運搬などが厳しく規制されている種は「特定外来生物」とされている。なお、外国産だけでなく国内のほかの地域から持ち込まれても外来種という扱いになる。

筆者の地元で爆発的に増加するリュウキュウツヤハナムグリ。南西諸島からの国内外来種で内陸部への分布拡大が懸念されている。

手すり観察で身近な外来種を気にしてみよう！

公園ではカラスに食べられたコクワガタを見かけることも多い。朝までうろうろしていて餌食になるようだ。

脱皮を見たいセミ

セミ科　【にいにい蝉】

ニイニイゼミ

日本全国　6～9月
32～40mm（★★★）

翅にまだら模様があるのが特徴

6月下旬から出現する小ぶりのセミ。やや自然度の高い公園に多く生息し、「チ――」と長く鳴く。体色が地味で、樹上の姿は見つけにくい。手すりで休む姿や抜け殻を見かける。

緑から灰褐色まで、体色の変異が多い

地面から1mくらいの高さで抜け殻が見つかる

セミ科【蜩/茅蜩/日暮】

ヒグラシ

6月下旬から発生し、スギ林など薄暗い環境に多い。朝夕に「カナカナカナ」「ケケケケケ」など甲高い声で鳴く。

●日本全国 ●6～9月 ●41～50mm（★★）

セミに寄生するセミヤドリガ

セミヤドリガはスギなどの樹皮でセミを待ち伏せ、幼虫が腹部に寄生するガの一種。単為生殖する。

●本州～九州 ●8月 ●幼虫約10mm（★）

セミヤドリガの宿主は多くがヒグラシで、養分を吸って成長すると離れて綿菓子のような繭を作る。

擬木柵で羽化する個体

セミ科 【油蝉】

アブラゼミ

北海道〜九州 8月

53〜60mm（★★★）

7月から出現する茶色い翅のセミ。都市部から低山地まで広く分布し、手すりで抜け殻が多く見つかる。成虫はサクラ、ケヤキ、ナシなどにとまり吸汁する。

セミ評価4.5の人気柵

ロープ柵の下面でぶら下がる抜け殻

アブラゼミの死に様

数が多いせいか、いろんな死に様に遭遇する。セミの一生も大変だ。

羽化に失敗してアリにたかられる幼虫

ジョロウグモに食われる成虫

瀕死の状態。通称「セミ爆弾」

クサグモに襲われる幼虫

アブラゼミの鳴き声は「ジ――」と表現されるが実際にはもっと複雑。街灯が明るい環境では夜でも鳴く。

お尻が特徴 シリアゲムシ

シリアゲムシ科 【大和挙尾虫】

ヤマトシリアゲ

本州〜九州　4〜9月
13〜20mm（★★）

名前の通り、お尻の先端が反り返った細い虫。低山地の湿気のある手すりや葉上でよく見られる。春型と秋型で色がまったく違うため、昔は別種だと思われていた。

シリアゲムシ属の♂は尾端のハサミ状の突起を使って他の♂と闘争する

シリアゲムシ目

夏

平地
低山
草地
水辺

プレゼントを贈る虫

交尾をする時に♂が♀にプレゼント（婚姻贈呈）をすることで有名。♂は餌（死んだ虫など）を見つけるとフェロモンを放出し、メスを呼び寄せ、交尾成功後に餌を渡す。

交尾中のカップル。♀が何か液体をなめている

♂からプレゼントされたコガネムシの死体を食べる♀。奥に♂がいて交尾している

シリアゲムシの仲間は危険を察知するとすぐに飛ぶが、近くにとまる習性がある。

夏の捕食アブ

ムシヒキアブ科【塩屋虻】

シオヤアブ

日本全国　6~9月
↔ 22~30mm (★★)

草地や開けた山道で見つかるムシヒキアブ。葉上や手すりにとまって待ち伏せ、飛ぶ虫を捕えて吸汁する。ムシヒキアブの中ではやや遅く、盛夏に出現する。

ムシヒキアブ科【棘艶篦口石虻】

トゲツヤヘラクチイシアブ

全身レザースーツを着たような黒いツヤのあるアブ。開けた山道でハエなどを捕食する姿を見かける。
●本州~九州 ●8月 ●12~22mm (★★)

ムシヒキアブ科【先黒虫食虻(虫引虻／虫挽虻)】

サキグロムシヒキ

やや山地性。薄暗い林縁の手すりに多い。自分より大きな獲物も捕食する。
●北海道~九州 ●8月 ●20~26mm (★★)

ムシヒキアブの仲間は捕食中は近づいてもあまり逃げないので、近寄ってよく観察してみよう。

手すりで暮らすクモ

タナグモ科【草蜘蛛】

クサグモ

北海道～九州　3～11月

↔ ♂12～14mm, ♀14～18mm（★★★）

春から冬まで長く手すりで見かけるクモ。明るい場所の手すりや生垣などの間に大きな棚網を作る。卵のうで越冬し、春先に子グモが現れる。

成体

頭胸部に2本の太い条

成体の腹部は縞模様がある

造網性だが、手すりなどを徘徊している姿を見かける

木柵のロープにかけられた網と幼体

幼体は頭胸部が赤く、亜成体は腹部に縞模様がある

手すりに作られた棚網の中で、獲物を待ち伏せる

ボーベリア（通称ムシカビ）に覆われた個体

タナグモ科【小草蜘蛛】

コクサグモ

北海道～南西諸島　8～12月

↔ 6～12mm（★★★）

クサグモに似ているが、頭胸部の模様が異なる。クサグモより約1ヶ月遅れで発生する。

12月の夜の手すりで発見

クモ目

夏

平地

低山

草地

水辺

クサグモの巣からはよくチリイソウログモというエサのおこぼれを狙う「居候」が見つかる。

カニグモ科　【垜蜘蛛】

アズチグモ

本州～九州　5～9月
↔ ♂2～4mm, ♀6～9mm（★★★）

サングラスをかけたようなカニグモの仲間。草地や林縁の花などに潜みシジミチョウなどを捕食する。

エビグモ科　【金色海老蜘蛛】

キンイロエビグモ

北海道～九州　6～2月
↔ ♂7～8mm, ♀7～9mm（★★★）

平地～山地で広く見かける。色の異なるキンイロ型とハラジロ型がいる。樹皮や葉上を徘徊して獲物を探す。

♂は非常に脚が長い

エビグモ科　【朝日海老蜘蛛】

アサヒエビグモ

北海道～南西諸島　6月
↔ ♂4～5mm, ♀5～7mm（★★★）

キンイロエビグモと同じ環境で見つかる。走るのが非常に早く、一度走り出すと撮影するのは困難。

アズチグモの名前は、弓馬で的をかけるために土を山形に盛った「垜（あづち。安土とも書く）」に由来する。

夏のハエトリグモ

ハエトリグモ科　【眉白蝿捕蜘蛛】

マミジロハエトリ

北海道〜九州　4〜9月
7mm（★★★）

明るい草地に多い中型のハエトリグモ。地表〜下草を徘徊していて、手すりにはたまに現れる。ネコハエトリに似るが発生時期が夏寄り。

♂背面

マミジロハエトリ♀とネコハエトリ♀の違い

ハエトリグモ科　【茶色朝日蝿捕蜘蛛】

チャイロアサヒハエトリ

♀

平地から低山地の手すりの普通種。♂は♀とまったく形が違い、とても脚が長い

- 北海道〜九州
- 4〜11月
- 5mm（★★）

ハエトリグモ科【四段蝿捕蜘蛛】

ヨダンハエトリ

本来は草地の地表付近に生息するが、時々手すりに現れる。腹部の４本の赤帯が名前の由来。

- 北海道〜九州
- 4〜7月
- 7mm（★）

クモ目

夏

平地　低山　草地　水辺

チャイロアサヒハエトリの♂の脚が長すぎるのは、♀の好みに合わせて進化した結果なのかもしれない。

眼は大きく飛び出す

ハエトリグモ科　【腕太蠅捕蜘蛛】

ウデブトハエトリ

本州～九州　5～9月
4mm（★★）

白線

♂も♀も名前の通り太くて長い第1脚をもつハエトリグモ。キレワハエトリに似るが、腹部後端を横切る白線がある。林内の地表や下草に多い。

ハエトリグモ科【千国蠅捕蜘蛛】

チクニハエトリ

本州、九州　5～9月
4mm（★★）

水辺の草地にすむハエトリグモ。土手に設置された手すりを住居にしてアブラムシなどを捕らえる姿を見かける。腹部の色は暗紫色～灰褐色の横縞まで変異が大きい。

手すりの金具の隙間に出入りする♀

♀

♂

手すり観察のきっかけ

3月、仕事に疲れ公園をさまよっていると、木製手すりの隙間にいるネコハエトリ(p.12)を見かけた。その愛らしいルックスはもちろん、人工物をうまく利用して暮らす姿が強く印象に残った。筆者が手すりの虫にはまったきっかけである。
後日、とある虫の観察会で「手すりには虫が多い」「虫がいない時は手すりを見るべし」など、「手すり観察」の概念を教えてもらった。実際に手すりで虫を探すと、犬のさんぽをしながら都市公園で歩くだけでも虫が見つかる！　こうして「虫と人工物」が織りなす不思議な世界にのめりこむようになった。

運命を変えた一匹のネコハエトリ

手すりにいる虫は絵になりにくいので、以前は葉っぱに移して「なんちゃって生態写真」を撮ることもあった。

クモではない、ザトウムシ

カワザトウムシ科【大並座頭虫】

オオナミザトウムシ

本州ほか　6〜7月
本体6〜12mm（★）

腹部は白い

林縁の日陰の手すりに多い。
側面に集団でいることもある

豆粒のような体と長い8本の脚をもち、小さな虫を捕まえて食べる。オオナミザトウムシはもっとも普通に見られる大型のザトウムシで、夜間に活動する。

背面は横じま模様〜黒

赤いダニをつけた個体も多い

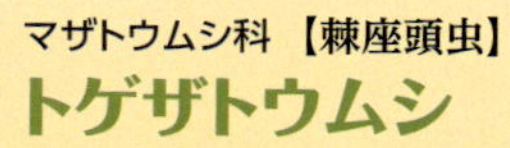

マザトウムシ科【萌黄座頭虫】

モエギザトウムシ

幼体や若い個体は
萌黄色をしている

本来は樹上性で、
小さな虫や落ちた
果実などを食べる

やや湿った林縁の擬木柵に多い小型のザトウムシ。大変かわいい。
●本州ほか ●6〜11月 ●3〜4mm（★★★）

マザトウムシ科【棘座頭虫】

トゲザトウムシ

頭胸部の前縁付近の中央に
3個の短いトゲがある

標高1,000mのブナ帯の手すりで見かけた。ブナ帯山地の最普通種。
●本州ほか ●7〜11月 ●5〜7mm（★★）

ザトウムシは英語で「Daddy Longlegs（足長おじさん）」と呼ばれる。

小さな赤い点!?

タカラダニ科 【指宝螨】

ユビタカラダニの一種

本州ほか　4～8月

1.5～4mm（★★★）

ウエストにくびれ

脚先が膨らむのが特徴

暖かい時期に手すりで見られる赤いダニ。他の虫に寄生している姿をよく見かける。人間にはまったく害はない。成虫は自由生活をし他の虫を捕食する。

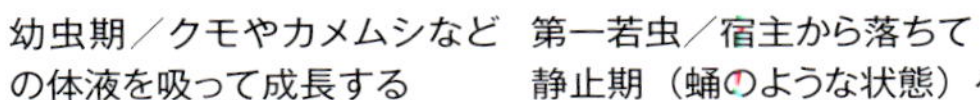

タカラダニの成長

幼虫期／クモやカメムシなどの体液を吸って成長する

第一若虫／宿主から落ちて静止期（蛹のような状態）へ

第二・三若虫も静止期を経て成虫となる

ハモリダニ科 【葉守螨】

ハモリダニ

タカラダニに似ているが、足先が細い。葉につくハダニを食べる。足が早い。

●本州ほか ●10～3月 ●約1mm（★★★）

よくいる赤いダニは?

春にコンクリート塀やベランダに現れる赤いダニはカベアナタカラダニという名前の別種である。虫などには寄生せず、一生を通して花粉を食べる無害な虫なので、放っておいてほしい。

ダニはいろんな生物に寄生する。クワガタにはクワガタナカセというダニがつき体表のゴミやカビを食べる。

手すりに登る虫

擬木柵上で静止する個体

オカダンゴムシ科　【陸団子虫】

オカダンゴムシ

日本全国　1年中

↔～14mm（★★★）

普段は地表近くにいるが、雨が降ると活性化して手すりなどの高いところに集まる習性がある。世界共通種で日本でも全国の都市部に生息。中央部～西日本に特に多い。

ワラジムシ科【草鞋虫/鼠姑/蟠】

ワラジムシ

北海道～四国　1年中

↔12mm（★★★）

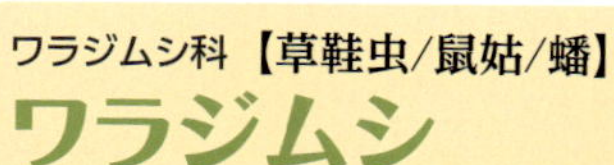

ダンゴムシと同じような環境にいるが、体が平たく歩くのが早い。湿度が高くなると擬木柵やブロック塀に群れて登る。

手すり上の未消化の鳥の糞にも集まる

ワラジムシは便所虫とも呼ばれダンゴムシほどの人気はないが、飼うとエサを食べる姿などがとてもかわいい。

秋の手すり
9月、残暑の手すりには、バッタ、コオロギ、キリギリスの成虫が目立ち始めます。10月ごろからは大きなカマキリや、赤く染まったアキアカネが手すりの主役に。11月、葉が落ちてさみしくなってきた手すりはカメムシロード。秋に活発になるスズメバチに注意しましょう。
野虫の会

複眼の構造上、どこから見ても黒い点が追って来るように見える（偽瞳孔）

前脚の基部に3個の目立つ突起がある

成虫

カマキリ科　【腹広蟷螂】

ハラビロカマキリ

本州〜南西諸島　7〜1月
45〜68mm（★★★）

秋の手すりで最も出会うカマキリ。草地より樹上を好み2m以上の柵のてっぺんでも見つかる。手すりを狩場にしたり卵鞘を産みつけたりと人工物をうまく利用している。

カマキリ科　【胸赤腹広蟷螂】

ムネアカハラビロカマキリ

本州、九州の一部　6〜11月　約60〜80mm（★★★）

2010年に発見され全国に分布が拡大している外来種。中国産の竹ぼうきについた卵鞘が侵入ルートと言われている。在来のハラビロカマキリと競合している可能性がある。

前脚基節の突起は③個
ハラビロカマキリ

前脚基節の突起は約⑩個
胸が長い
ムネアカハラビロカマキリ

カマキリの仲間は手すりで見られる虫の中で最も大きいため、スマホのカメラなどで撮影しやすい。

褐色の個体。多くはないが時々見つかる

本来は樹上で生活し、頭を下にしてぶら下がる姿をよく見かける。

カマキリ科　【大蟷螂】

オオカマキリ

日本最大のカマキリ。4月から林縁の手すりで幼虫が見られ、秋に成熟する。同定のため、前脚の付け根を撮っておこう。

●北海道〜九州
●4〜10月
●68〜95mm（★★★）

前脚の付け根が黄色

ハナカマキリ科　【姫蟷螂】

ヒメカマキリ

褐色型と緑色型がいる

複眼に独特の縞模様がある

照葉樹林近くの手すりで発見。●本州〜南西諸島 ●7〜11月 ●25〜32mm（★★）

カマキリ科　【小蟷螂】

コカマキリ

前脚の内側に白と黒の模様がある

擬木柵の底面によくぶら下がっている。

●本州〜九州 ●8〜12月 ●36〜63mm（★★）

ハラビロカマキリやオオカマキリは晩秋に日当たりのよい手すりに腹ばいになり、体温を上げる姿が見られる。

ツノカメムシ科【江崎紋黄角亀虫】

エサキモンキツノカメムシ

日本全国　4～11月
11～13mm（★★★）

1年を通して公園の手すりでよく出会う、ハートマークを背負ったカメムシ。♀は初夏にミズキの葉裏などで産卵し幼虫を守る習性がある。冬はスギの樹皮下や落ち葉の中で越冬する。

ツノカメムシ科【紋黄角亀虫】

モンキツノカメムシ

エサキモンキツノカメムシに似ているが、より少ない。
本州～南西諸島　4～10月　11～14mm（★）

エサキモンキツノカメムシとモンキツノカメムシの違い

エサキモンキツノカメムシは背中のハートマークのおかげで、嫌われもののカメムシの中では人気が高い。

カメムシ科 【黄斑亀虫】

キマダラカメムシ

本州～九州･南西諸島　4～11月

20～23mm（★★★）

ゆっくりと北上を続け分布を広げている外来のカメムシ。国内のカメムシの中ではクサギカメムシと並ぶ最大種で、見かけるとデカッ！と叫んでしまうほどの大きさである。

幼虫　灰色の短い毛が密集している

上から見た幼虫

卵の殻と生まれたばかりの幼虫。ススキの葉裏にて

成虫

普段はサクラやケヤキなどの樹上で見つかる

カメムシ科 【十星亀虫】

トホシカメムシ

幼虫

黄褐色で黒い紋がある

成虫

山地性の大型カメムシ。晩秋の手すりで見かける。低地ではほとんど見ない。

●北海道～九州

●11月

●16～23mm（★）

カメムシ科 【臭木亀虫】

クサギカメムシ

成虫　濃い褐色にまだら模様

幼虫

樹名板の裏で成虫越冬していた

日本最大級のカメムシ。匂いが強く穀物に害をなすため、国内を始め海外の輸出先からも警戒されている。

●日本全国

●10月

●13～18mm（★★★）

キマダラカメムシはもともと筆者の地元（大田区）にはいなかったが、見つかり始めると数年で普通種になってしまった。

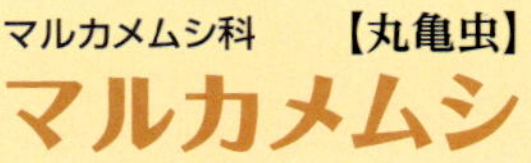

マルカメムシ科　【丸亀虫】

マルカメムシ

本州～九州　4～12月
4～5mm（★★★）

クズが茂る草地や林縁の手すりに多い。都市部にも多く、洗濯物などについて家屋に侵入、匂いが強く嫌われる。秋に集団で壁に集まり日光浴する。「なんの虫?」と問い合わせが多い虫。

ヘリカメムシ科　【大蜘蛛縁亀虫】

オオクモヘリカメムシ

本州～九州　4～12月
17～21mm（★★★）

晩秋から冬の手すりでよく見かける大型のカメムシ。ネムノキにつく。刺激すると青リンゴのような強い匂いを発する。

カメムシ科　【茶翅青亀虫】

チャバネアオカメムシ

日本全国　5～12月
10～12mm（★★★）

数が多く手すりでよく見かける小型のカメムシ。様々な実を食害する。越冬時に褐色の個体を見かける。

カメムシ目
秋
平地
低山
草地
水辺

カメムシの仲間は手すりに多い虫だが、特に落葉シーズンとなる晩秋にはカメムシロードと呼びたいくらいよく見かける。

オオホシカメムシ科　【姫星亀虫】

ヒメホシカメムシ

本州～南西諸島　4～11月
約12～13mm（★★★）

オオホシカメムシによく似るが体が小さく、黒い紋の大きさが異なる。春に手すり上でツバキの花弁から蜜を吸っていた。灯火にもよく飛来する。

長い口吻で蜜を吸う

ヒメホシカメムシとオオホシカメムシの違い

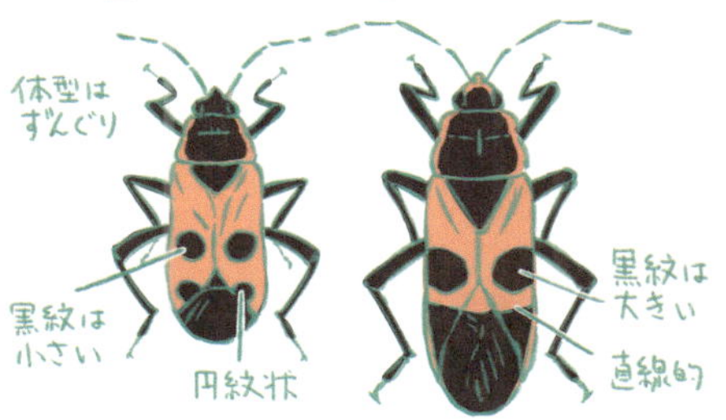

※幼虫での見分けは難しい

オオホシカメムシ科【大星亀虫】

オオホシカメムシ

秋に林縁の手すりで見かける大型のカメムシ。アカメガシワの実などの汁を吸い、地上に落ちた実にも集まる。
●本州～南西諸島 ●4～10月
●15～19mm（★★★）

ホソヘリカメムシ科　【細縁亀虫】

ホソヘリカメムシ

日本全国　4～11月
14～17mm（★★）

マメ科植物につき草地の手すりで見つかる。幼虫はアリ擬態。成虫は飛ぶ姿がアシナガバチによく似ている。

終齢幼虫

幼虫

アリによく似ている

成虫

手すりでカメムシを見かけたら近くの葉上や葉裏を探してみよう。植物の実に集まっていることも多い。

まだまだいるカメムシ類

グンバイムシの仲間は英語で lace bug（レースバグ）と呼ばれる網目状の翅をもっている。形や色も多様だがまだまだ生態が不明な種も多い。

グンバイムシ科【鶏冠軍配虫】

トサカグンバイ

アセビを含む様々な植物につく。標高1,000mの公園の手すりで遭遇。●本州～南西諸島 ●4～12月 ●3～3.7mm（★★）

グンバイムシ科【茶色軍配虫】

チャイログンバイ

非常にかっこいいが生態が不明。越冬明けの個体を手すりで発見。
●北海道～四国 ●4～7月 ●4.2mm（★）

グンバイムシ科 【梨軍配虫】

ナシグンバイ

サクラ、ナシ、ボケ、リンゴの葉などに集まり吸汁する。越冬前の個体を手すりで発見。
●本州～九州 ●5～11月 ●3～3.3mm（★★）

グンバイムシ科 【松村軍配虫】

マツムラグンバイ

黒褐色の体に金色の微毛。ミズキの近くの手すりや樹皮裏で見つかる。詳しい生態は不明。
●本州、四国 ●4～11月 ●3.2～3.6mm（★）

テングスケバ科【褄黒透翅】

ツマグロスケバ

丘陵地の手すりで発見。すぐ飛んで逃げた。アカメガシワにつく。●本州～南西諸島 ●7～10月
●11～15mm（★★）

グンバイウンカ科 【緑軍配浮塵子】

ミドリグンバイウンカ

林縁の手すりで発見した緑色が美しいウンカ。様々な植物の葉につく。
●本州～南西諸島 ●7～10月 ●6～7mm（★★）

手すりに来るトンボ

トンボ科　【秋茜蜻蛉】

アキアカネ

北海道～九州　6～12月
32～46mm（★★★）

赤トンボの代表種。頭部や胸はあまり赤くならない。近年数を減らしておりフィプロニルという農薬の影響が一因だと言われている。

竹垣にとまるアキアカネ

♂側面。12月くらいまで見られることもある

トンボは横から撮っておこう！

アキアカネ

先端はとがる

ナツアカネ

先端は四角い

トンボ科【夏茜蜻蛉】

ナツアカネ

小ぶりの赤トンボ。アキアカネよりやや小さく、♂は全身が赤くなる。
●日本全国 ●6～12月 ●33～43mm（★★）

トンボ科【熨斗目蜻蛉】

ノシメトンボ

ロープ柵上の♀とセミの抜け殻

最も普通に見られる大型の赤トンボ。翅の先端に褐色斑がある。あまり赤くならない。●北海道～九州 ●6～11月 ●37～52mm（★★★）

多くの虫は手すりの材質にこだわらないが、トンボの仲間は圧倒的にロープ柵を好む傾向が強い。

手すりのナナフシ・ゴキブリ

ナナフシ目ヒゲボソナナフシ科【日本飛竹節虫】

ニホントビナナフシ

本州～南西諸島　8～12月
46～56mm（★★）

短い翅がある

前脚をそろえて
とまる

ナナフシモドキ（p.40）よりも遅く出現し晩秋まで見られる。なぜか擬態には向いていない手すりでじっとしている姿を見かける。単為生殖だがまれに♂が見つかる。

本来は樹上で葉を食べて暮らしている

ナナフシモドキより
ふっくらした体つき

ゴキブリ目チャバネゴキブリ科【姫黒蜚蠊】

ヒメクロゴキブリ幼虫

成虫写真提供：
川邊透

樹上性の小型のゴキブリ。手すりでは幼虫ばかり見かける。
●本州～九州 ●6～9月 ●7～8mm（★）

ゴキブリ目チャバネゴキブリ科【森茶翅蜚蠊】

モリチャバネゴキブリ

森林性。落ち葉の上や葉の中に隠れているのをよく見る。
●本州～九州
●5～11月
●11～12mm（★）

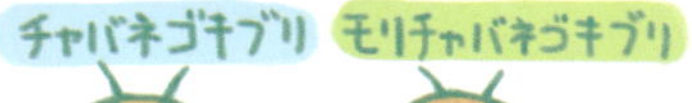

硬い殻におおわれたナナフシ類の卵は、鳥に食べられても5～20%が無事に孵化することがわかっている。

手すりのスズメバチ

スズメバチ科 【黄色雀蜂】

キイロスズメバチ

本州～九州 5～11月

17～24mm（★★）

黄色みの強い小型のスズメバチ。オオスズメバチに次いで気性が荒い。夏から秋にバッタやセミを狩る姿をよく見かける。手すりで会うとドキッとする。

ヤブキリを解体中。この後首をもち去った

アブラゼミの内臓も好物

手すりの虫はどこから?

何年も手すりの虫を観察しているが、なぜ手すりに虫が多いのか、手すりの虫がどこから来てどこへ去って行くのかは完全には解明できていない。ただ、虫によっては以下の例のように利用している面があるので、ぜひ自分のフィールドでその謎を解いてみてほしい。

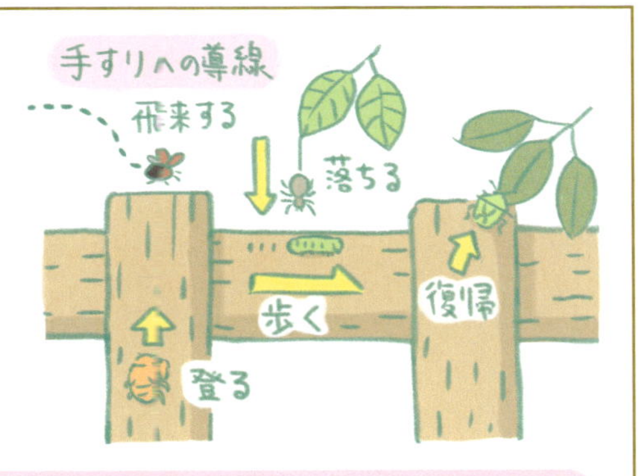

例

コウチュウ目…休憩
チョウ目の幼虫…木から落下、蛹になるため降下
カメムシ目…休憩、落下、隠れ場
クモ目…狩り、隠れ場、住居
ハチ目…休憩、狩り、住居
ハエ目…休憩、狩り、交尾
バッタ目…休憩、狩り

手すりのアリと周辺の虫

ハチ目アリ科【棘蟻】

トゲアリ

本州〜九州　4〜10月
↔ 8〜12mm（★）

女王アリはクロオオアリの巣に侵入し女王を殺し巣を乗っ取る。見つかるとクロオオアリに殺される。環境の変化に対して敏感であり近年その数を減らしている。

手すり上の働きアリ

手すり近くの針葉樹。
ウロの中にコロニーがある

平たいミノの隙間から
頭や尾部を出す

チョウ目ヒロズコガ科【斑丸翅広頭小蛾】

マダラマルハヒロズコガ

本州〜九州　1年中
↔ ミノ 14mm，本体約 10mm（★★★）

トゲアリに捨てられるミノ

アリのコロニーの近くにたむろし、エサのおこぼれをもらったり死んだアリを捕食するガの幼虫。鼓型のミノの中に入っており、アリに見つかると巣外に捨てられる。擬木柵や木の幹でも見つかる。

羽化した成虫

アリは春から活動しているが、手すりでは夏の終わり〜秋にかけて活発に活動している姿を見ることが多い。

アリ科　【網目蟻】

アミメアリ

日本全国　4～11月

3～4mm（★★★）

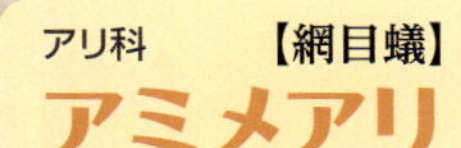

巣をもたず石下や倒木に野営し、頻繁に引っ越しをくり返す小さなアリ。女王はおらず働きアリ（♀）が産卵して働きアリを生産することで群れが維持される。

金属手すりなどで一時的に営巣する姿が見られる

大きなコロニーは数万～数十万の働きアリからなる

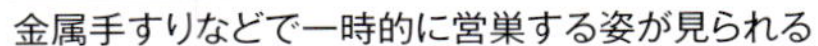

アリ科　【鳶色毛蟻】

トビイロケアリ

日本全国　4～12月

3～4mm（★★★）

土中や朽木中に営巣するが、手すりの上でもごく普通に見られる。ケヤキの樹皮上などでヤノクチナガオオアブラムシのコロニーを土壁で囲い保護（独占）する。

手すり上でアブラムシのお尻を叩いて甘露を出させようとする

ヤノクチナガオオアブラムシを囲む本種

ケヤキ樹皮上の巣

トビイロケアリと同属のハヤシケアリは写真での同定が難しいので採集して確認しよう。

フェンス上の果実に集まったところ。お尻がハート型で蟻酸をもつ

アリ科 【針太挙尾蟻(尻上蟻)】

ハリブトシリアゲアリ

日本全国　4～10月
2～4mm（★★★）

どの手すりでもよく見られる小さなアリ。手すりの隙間から出入りしていたり、手すり上の果実に集まる姿を見かける。樹皮の下などで巣を作る。興奮すると腹部を突き上げて毒液を出すが人が刺されたという話はあまり聞かない。

秋

平地 低山 草地 水辺

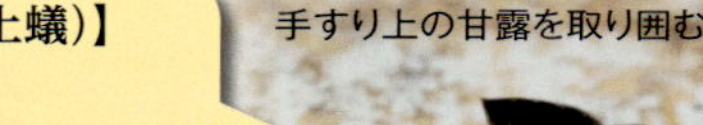

アリ科 【寺西挙尾蟻(尻上蟻)】

テラニシシリアゲアリ

本州～南西諸島　5～12月
2～4mm（★★★）

手すり上の甘露を取り囲む

体色は褐色～黒褐色

どの手すりでもよく見られる小さなアリ。アカメガシワの蜜など甘いものが好き。枯れ枝や枯竹中に巣を作る。

アリ科 【四星大蟻】

ヨツボシオオアリ

晩秋～冬に単独でいるのを見かける。木の割れ目や樹皮下に巣を作る。

- 本州～九州
- 4～12月
- 5～6mm（★★）

手すり上のアリはよく食べ物に集まっている。もっとも人気があるのは甘露（アブラムシの排泄物）のようだ。

アリ科　【林黒山蟻】

ハヤシクロヤマアリ

日本全国　4～10月
5.5~7mm（★★）

腹部第1～2節にはほとんど立毛がない

クロヤマアリより一回り大きく、林近くの手すりに多い。石の下や土中に巣を作る。手すり上で他の虫を襲って運ぶ姿をよく見かける。

アリは横から撮っておこう！

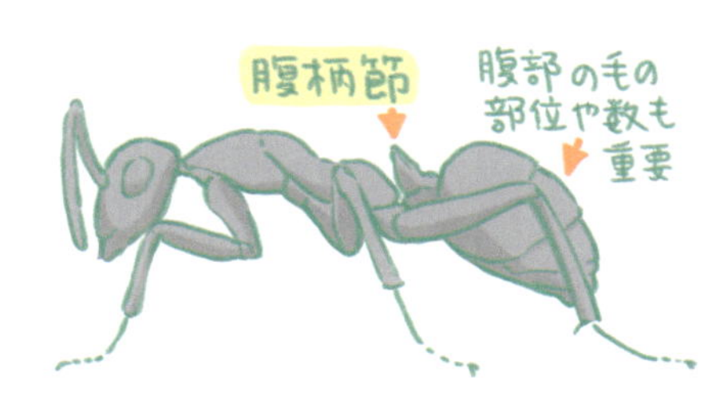

アリの胸と腹の間には「腹柄節（ふくへいせつ）」という部位があり、その形や毛の数などがアリの同定に役立つ

アリ科【姫蟻】

ヒメアリ

虫の死骸に集まる姿をよく見かける

林緑の手すりに多い黄色い小さなアリ。石の下や枯れ笹、枯れ木の枝などに巣を作る。●本州～南西諸島 ●4～11月 ●4.5~6mm（★★）

アリ科　【胸赤大蟻】

ムネアカオオアリ

山地でよく見る大型のアリ。朽木や木の根元に営巣する。基本は単独で行動し、行列は作らない。
●北海道～九州 ●5～10月 ●7～12mm（★★）

アリ科　【西比利亜硬蟻】

シベリアカタアリ

晩秋から冬に見る事が多い。朽木や枯れ枝の中に巣を作る。腹部の黄色い紋は内部が透けている。
●日本全国 ●5～11月 ●約2,5~3mm（★）

アリは集団で動き続けることが多いが、寒い時期に1匹でじっとしているはぐれアリもいる。撮影チャンスだ。

シジミチョウ科　【裏銀小灰蝶】

ウラギンシジミ幼虫

本州～南西諸島　4～10月
約20mm（★）

尾部に2対の突起があり花火のような触角が出る

幼虫

年に数回発生し、秋に発生するものは成虫で越冬する。クズ群落の近くの金属手すりで発見した。

チョウでは珍しく、成虫も手すりにとまることがある

成虫

成虫の裏面は白色

♂の成虫の表面。♀は青っぽい

タテハチョウ科　【日陰蝶】

ヒカゲチョウ幼虫

本州～九州　4～11月
37mm（★）

暗い林縁の手すりで発見。食草のアズマネザサから移って来たと思われる。成虫は夕方に活動し樹液や獣糞に集まる。

2齢から頭部の突起が目立ってくる

幼虫

成虫

正面顔

金属柵の上で丸くなる個体

笹の葉の台形に食べられた部分が食痕。めくって幼虫を探そう

ヒカゲチョウの幼虫はキティちゃんのような子猫顔がすばらしくかわいい。

ヒトリガ科 【赤条白苔蛾】

アカスジシロコケガ繭

北海道〜南西諸島 4〜10月
20mm（★★★）

毛虫は自分の毛を抜いて、非常に特徴的なシースルーの繭を作る。中には蛹が入っており、木の幹に付いているものもよく見かける。幼虫は地衣類を食べることが知られている。

キアシブトコバチ

持ち帰って羽化を観察すると、寄生蜂が生まれてくることがよくある

山道の壁についていた

ドクガ科 【姫白紋毒蛾】

ヒメシロモンドクガ幼虫

北海道〜九州 5〜9月
35〜40mm（★★★）

かぶれ

コシロモンドクガに似るが、体の側面に黒い毛束があるのが違い

背面には歯ブラシ状の毛束

ツインテールのド派手な毛虫。毒はないと言われるが軽い湿疹の報告も。サクラ、クヌギ、クワなど広食性。

ドクガ科 【杉毒蛾】

スギドクガ幼虫

北海道〜九州 12月
40〜45mm（★★）

カメラを向けると反り返って威嚇

針葉樹（スギ・ヒノキ）そばの手すりにて発見

ヒメシロモンドクガと色違いのツインテールの毛虫。幼虫越冬する。毒はないが触る勇気が出なかった。

大型のイモムシ・ケムシの歩く姿をスマホなどで動画撮影すると、脚の運びがわかって楽しい。

手すりで羽化する

テントウムシ科【七星天道虫（瓢虫）】

ナナホシテントウ

日本全国　3〜11月
5〜8.6mm（★★★）

春と秋に草地の手すりで蛹や羽化シーンに出会う。イギリスではLady Bird（マリア様の虫）と呼ばれ、日本でもアブラムシを食べる益虫として人気が高い。幼虫も成虫も共食いする。

手すりの側面などでよく羽化している

幼虫

（左）ナナホシテントウ幼虫。ぷくっとしている
（右）ナミテントウ幼虫。トゲトゲしている

手すり上での羽化

羽化直後は模様がない

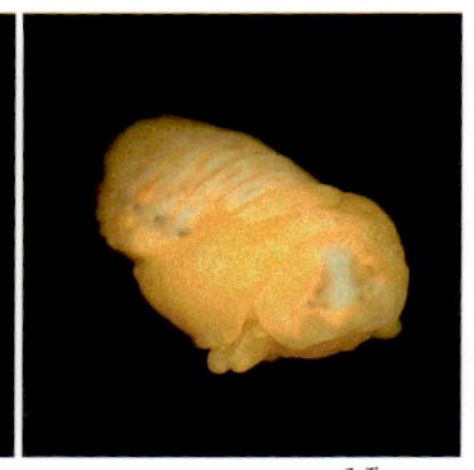

テントウムシの亜科の蛹の背面腹節には大きな溝（みぞ）がある。他の虫が近寄ると体を反らし、溝を閉じて挟んでしまう。

成熟した蛹

コウチュウ目

秋

平地　低山　草地　水辺

蛹になる場所の好みが共通しているらしく狭いスペースにたくさんの蛹が鈴なりになっている様子を見かける。

ゾウムシ科　【蜘蛛象鼻虫】

クモゾウムシ亜科の一種

関東ほか　5〜10月
約5mm（★★）

ゾウムシは手すりでよく見かけるが、未記載種も多いグループで写真での同定は難しい。

開けた山道の手すりにしがみついていた

複眼が大きく上についている

近づくと脚を縮めて擬死をする

ゾウムシ科　【椎鷸象鼻虫】

シイシギゾウムシ

本州、九州、南西諸島　9〜10月
6〜9mm（★★）

口吻がとても長い

スダジイの多い都市公園の手すりで遭遇。♀は非常に長い口吻をもつ。ブナ科シイ属のドングリに口吻を使って穴を開けて産卵する。

正面顔

拾ったドングリから白いイモムシが出てくることがありビックリするが、あれがシギゾウムシ類の幼虫である。

バッタ科 【大和蕗飛蝗(蕗蝗)】

ヤマトフキバッタ

本州～九州　8～10月
25～30mm（★★★）

林縁の手すりでよく出会う翅の短いバッタ。本来は樹木の上で暮らしているが、手すりの上面にとまることが多く観察しやすい。

メスアカフキバッタ（タンザワ型）。翅が小さい

フキバッタの変異

フキバッタの仲間は翅が短く移動範囲が狭いため、地域によって少しずつ遺伝的な差異がある。以前タンザワフキバッタと呼ばれていた種は、現在ではメスアカフキバッタのシノニム（異名）として消滅するなど、現在でも分類が変化し続けている。

エントモファガ・グリリ菌

「エントモファガ・グリリ菌」に侵されたバッタはゾンビ化され、高い所に移動して死ぬ。より高い所で死んだ方が胞子を拡散できるからだという。

葉にしがみついて死んだ個体

フェンスにしがみついて死んだ個体

夏から秋の手すりには意外なほどバッタが多い。特に樹上性の種類が多く、とまり木として利用しているようだ。

マツムシ科　【青松虫】

アオマツムシ

本州〜九州　7〜10月
21〜23mm（★★★）

都市部の街路樹にも多い外来種。樹上性だが、晩秋には日当たりのよい手すり上面に密着する姿を見かける。日没後にチリー・チリーと鳴く。明治時代ごろに入って来たと言われている。

ヒバリモドキ科　【薄雲鈴虫】

ウスグモスズ

本州〜九州　9〜10月
約8mm（★★★）

樹上性で都市部でもよく見かける。♂も鳴かない。1960年代に見つかったが原産国が不明で、外来種の可能性があると言われている。

♂ 成虫

♀

冬の夜にフユシャクを探していると手すり上で植物の実をかじっていた

カネタタキ科　【鉦叩き】

カネタタキ

本州〜南西諸島　8〜12月
7〜11mm（★★★）

様々な環境の低木にすむ。冬季は樹皮下でも見つかる。チンチンと鳴く。

都市部の手すりで見つかる虫はこの3種が多い。外来種は自然度の低い環境にも適応しているようだ。

キリギリス科【薮螽斯】

ヤブキリ

本州·四国　6～10月
31～58mm（★★★）

セミやガも捕食する肉食の大型キリギリス。幼虫は3月ごろから草地に現れ、花粉などを食べる。育つにつれて樹上で暮らすようになり、手すりでもよく見られる。シキシキシキ…などと鳴く。

キリギリス科【笹螽斯】

ササキリ

本州～南西諸島　7～12月
20～28mm（★★）

本来は日陰の木や、草の上で暮らしている。手すりではオレンジと黒のツートンカラーの幼虫を見かけることが多い。

体側から前翅にかけての太い帯が特徴

キリギリス科　【林の馬追虫】

ハヤシノウマオイ

本州～南西諸島　6～10月
約50mm（★★）

雑木林などの低木上に住む中型のキリギリス。スイーッチョンと長く伸ばして鳴く。

ジト目がチャームポイント

木のかかった暗い手すりの上で遭遇

手すりで見られるキリギリスの仲間は夜行性のものが多い。昼間は葉裏にいて夜になると活発に活動する。

バッタ目
秋
平地
低山
草地
水辺

まだまだいるバッタ類

バッタの仲間はジャンプができるせいか、さまざまな種類が手すりの上で見られる。また、日中と夜間では見られる種類がガラッと変化する。

オンブバッタ科【負蝗虫】
オンブバッタ

都市部にも普通にいる。寒さに強く、年が明けても出会うことがある。
●日本全国 ●6～1月 ●20～47mm（★★）

ササキリモドキ科【姫露虫】
ヒメツユムシ

晩秋から冬にかけて、山の開けた手すりに現れる。夜行性。
●本州～九州 ●8～12月 ●12～18mm（★）

マツムシ科【朽木蟋蟀】
クチキコオロギ

コオロギそっくりだがマツムシ科。樹皮下や岩の割れ目に生息する。
●本州～南西諸島 ●1年中 ●約30mm（★★）

バッタ科【翅長蝗虫】
ハネナガイナゴ

水田わきの木柵で発見。12月ごろまで見られる。●北海道～南西諸島 ●8～11月 ●17～45mm（★★★）

マダラカマドウマ科【斑竈馬】
マダラカマドウマ

日中は目にすることが少ないが、夜行性で日暮れから活動し手すりでも見られる。●北海道～九州
●3～11月 ●20～34mm（★★）

!バッタの仲間は、同定のために真上と真横から写真を撮っておくとよい

真冬の手すりではぶらさがって息絶えたバッタに出会うことがある。自然の厳しさと命の尊さを感じる瞬間だ。

秋によく見るハエ・アブ

ベッコウバエ科　【鼈甲蠅】
ベッコウバエ

北海道～南西諸島　11～4月
10～20mm（★★）

オレンジ色の目立つハエ。平地から山地の手すりや樹皮にとまっているのを見かける。落ちた果実や獣糞に集まるため、犬の多い都市部でも見かける。

ムシヒキアブ科　【アイノ鬚細虫食虻（虫引虻）】
アイノヒゲボソムシヒキ

山地性で秋に出現する。日なたの手すりに集まり、虫を捕食したり縄張り争いをする。
●本州～九州　●11月　●10～14mm（★★）

ケバエ科　【薄色脚太毛蠅】
ウスイロアシブトケバエ

晩秋に発生する。♂は黒色で複眼が大きい。
●本州～九州　●10～11月　●7.5～8mm（★★）

ミバエ科【三条果実蠅】
ミスジミバエ

複眼の美しいハエの一種。ウリ科の植物につき樹木の葉裏などで1年中見られる。●本州～南西諸島　●6～12月　●10～12mm（★★）

秋から冬にかけての日当たりのよい手すりの上面にはとにかくハエが多い。しかし近づくと飛び立って逃げてしまうため、なかなか種類が集まらないのが目下の悩みである。

ハエの仲間は身近な種類でも採集して、資料と照らし合わさないと同定できないことが多い。

巣や糸をチェック

ジョロウグモ科 【女郎蜘蛛】

ジョロウグモ

本州～南西諸島　8～12月

↔ ♂6～10, ♀20～30mm（★★★）

卵のうから幼体までのステージを手すりで観察できる最もポピュラーな大型グモ。人家から山地まで広く生息し、大きな巣を修繕しながら使い続ける。

手すり下面に産みつけられた卵のう

5月ごろ子グモが生まれ、しばらく「まどい」と呼ばれる集団生活を送る

寒さに強く、正月が過ぎても生き残っている♀を見かける

腹部に赤い斑紋

ヒメグモ科 【尾長蜘蛛】

オナガグモ

本州～南西諸島　9～1月

↔ ♂12～25, ♀25～30mm（★★）

静止していると松葉のようにしか見えない細いクモ。本来は森林内の樹木にまばらな網を張り、伝ってくる他のクモを食べる。渓流や池に近い手すりや柵で見かけることが多い。

静止している状態。見落としやすい

触るとあわてて動き出す

長い尾部は柔軟に動く

まどいを見つけたら息をそっと吹きかけてみよう。クモの子がワーっと散ってまた戻ってくるのを観察できる。

クモ目

秋

平地

コガネグモ科【大擬鳥糞蜘蛛】

オオトリノフンダマシ

本州～九州　7～10月

♂2～2.5mm, ♀10～13mm（★）

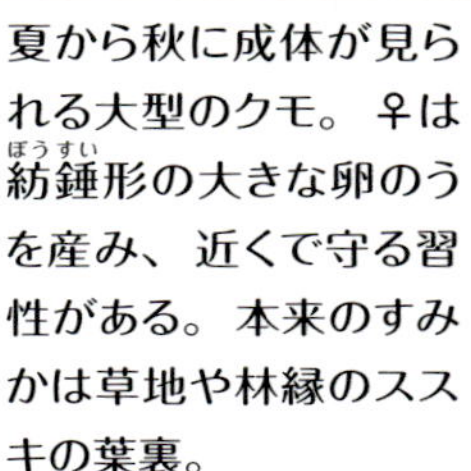

夏から秋に成体が見られる大型のクモ。♀は紡錘形（ぼうすい）の大きな卵のうを産み、近くで守る習性がある。本来のすみかは草地や林縁のススキの葉裏。

日中はススキの葉裏などで静止しており、夕方から網を張りガなどを捕らえる。

アシダカグモ科【足(脚)高蜘蛛】

アシダカグモ

本州～南西諸島　1年中

♂10～25mm, ♀20～32.5mm（★★）

徘徊性のクモの中で日本最大種。人家や神社、納屋など建物にすむ。コアシダカグモに似るが模様が違う。昼間はまったく見かけないが、夜手すりを観察すると多い。

頭胸部の後ろに三日月型の白斑

ひたいに目立つ白線

6～8月に白い円盤状の卵を持ち運ぶ

夜間は脚を広げて静止し、ゴキブリやガなどを捕らえる

夕方から網を張りガなどを捕らえる。

コアシダカグモ

ひたいに白線なし

クモ目

秋

平地　低山　草地　水辺

アシダカグモはインターネット上で「軍曹」と呼ばれ、ゴキブリを捕食する益虫として敬われている。

冬の手すり

12月、意外な主役はクモ。アオオニグモやビジョオニグモなど美しいクモに出会えます。
1月の楽しみは、日暮れ時から手すりに多いフユシャクの観察。思わず寒さを忘れます。
2月、動くものがほとんどいない厳冬期ですが、手すりの上にはテントウムシの仲間やクサカゲロウの姿が。寒くても、手すりの上には春を待つ虫がいます。

越冬中のテントウムシ

テントウムシ科【亀子天道虫(亀子瓢虫)】

カメノコテントウ

北海道～九州　4～12月
8～11.7mm（★★）

里山の手すりで見かけることの多い大型のテントウムシ。クルミハムシの幼虫などを捕食する。幼虫は初夏に発生する。北海道産のものをナガカメノコテントウとする説もある。

成虫　手すり側面や樹名板の裏側などでも見つかる

触ると赤い汁（防御物質）を出す

幼虫　びっくりするくらい大きい

テントウムシ科【ムーア白星天道虫】

ムーアシロホシテントウ

日本全国　11～4月
4～5.1mm（★★★）

都市部にも多く、手すりのテントウムシの中で最もよく見かける。特に秋から春に現れ、ササやエノキなどに寄生する白渋病菌類を食べる。

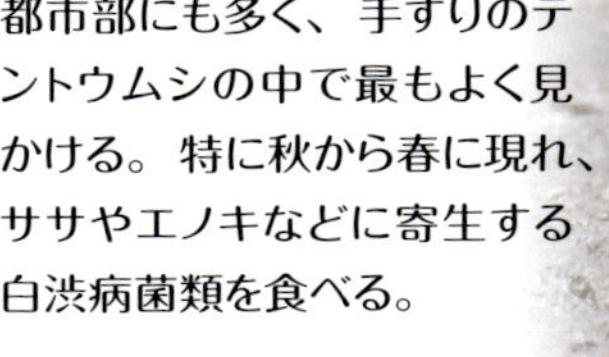

手すりのくぼみで冬を越す姿をよく見かける

成虫　幼虫　蛹

金属手すり上の個体。頭部は前胸背板に隠れていることが多い

カメノコテントウはエノキやヤナギ類の樹皮上、ムーアシロホシテントウはカシ類の葉の隙間で越冬する。

テントウムシ科　【十星天道虫】

トホシテントウ幼虫

北海道～九州　11～4月

9mm（★★★）

幼虫は特徴的なトゲをもち、初めて見た人は必ず驚く。春～夏に成虫になり、カラスウリなどのウリ科植物の葉を食べる。冬場の手すりや木柵で見つかる。

成虫越冬が多いテントウムシの仲間には珍しく幼虫で越冬する

トゲは柔らかく毒はない

草の根元など低い場所で冬を越す

カラスウリの葉を食べる成虫。葉の表面をこそげ落とし、レース状の食痕を残す

上翅の中央に大きなハートマークがある

トホシテントウを含むマダラテントウ族は草食性で、中には農作物にダメージを与える種もいる。

テントウムシ科　【並天道虫】

ナミテントウ

北海道〜九州　11〜4月
4.7〜8.2mm（★★★）

年に数回発生し、手すりで普通に見られるテントウムシ。晩秋には白っぽい建物や電柱などに大量に飛来・集合し、越冬場所へ移動する。4〜6月にも越冬明けの個体と新成虫が見られる。

手すり上では成虫だけではなく幼虫も多数見られる

類似種にクリサキテントウやダンダラテントウがいる

コウチュウ目

冬

平地
低山
草地
水辺

テントウムシの食性

幼虫を捕食する成虫

アブラムシを食べることで有名だが、同種や他種のテントウムシの卵や幼虫、蛹を共食いする。また、食べ物の少ない冬場は鳥の食べ残しやフンなどに集まる姿も見られる。

 上翅の斑紋パターンには二紋・四紋・まだら・紅型とその中間型があるが、北に行くほど紅型が多い。

テントウムシ科　【黄色天道虫】

キイロテントウ

本州～南西諸島　11～2月
3.5～5.1mm（★★★）

冬場の手すりで見かける無紋のテントウムシ。都市部にも多い。

エノキの葉裏。ウドンコ病菌を食べる

テントウムシ科　【薄黄星天道虫】

ウスキホシテントウ

北海道～九州　11～5月
3.3～4mm（★★）

成虫越冬で冬から春にかけて手すりで見かける。食性は不明。ムツキボシテントウに似るが上翅側面の黒色外縁の形が異なる。

厳冬期は樹皮下やヤツデの葉裏などで越冬する(p.117)

テントウムシ科【四星天道虫】

ヨツボシテントウ

♂の頭部は黄色

黒条は細い

里山の手すりで見つかる小型のテントウムシ。ケヤキの樹皮下などで越冬する。
本州～九州　5～11月　2.9～3.7mm（★★）

テントウムシ科　【紋唇天道虫】

モンクチビルテントウ

南方系の虫で、現在急速に分布を広げている。
本州、九州、南西諸島　5～11月
2.3～3.0mm（★★）

テントウムシの仲間など樹皮下で越冬する虫は多い。捕食関係にある虫同士が一緒に冬を越す姿も見かける。

アゲハチョウ科 【麝香揚羽】

ジャコウアゲハ蛹

本州～南西諸島　10～4月

約20mm（★★）

蛹になる場所として人工物を好み、土手や草地近くのガードレールや木柵でよく見られる。触れると腹部を収縮させてチュッチュッと警戒音を鳴らす。

蛹 ガードレールの支柱についていた

お菊虫

江戸時代にはその姿から後ろ手を縛られて殺された怪談「皿屋敷」のお菊になぞらえ「お菊虫」と呼ばれた。

ジャコウアゲハの生態

幼虫はウマノスズクサを食べて体内にアリストロキア酸という毒物質を溜め、鳥などの天敵から身を守る（人には害はない）。オスは麝香（じゃこう）のような香りを放つ。よく似たアゲハモドキというガはジャコウアゲハに擬態しているとされる。

幼虫 幼虫は鳥の糞擬態のような配色

卵

アゲハモドキ

♀成虫　♂成虫

ジャコウアゲハ

チョウ目

冬

平地

低山

草地

水辺

同じくウマノスズクサを食草とする外来種のホソオチョウとの競合が懸念されている。

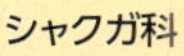

シャクガ科　【茶枝尺蛾】

チャエダシャク

本州～九州　10～11月
開帳34～50mm（★★）

神社の鳥居にとまっていた

晩秋の夜にフユシャクを探していると必ず出会う、まだら模様のガ。樹皮や体色に似た人工物にとまる。幼虫はチャノキにつく。

♂は羽毛状の触角がゴージャスで目立つ

トリバガ科　【葡萄鳥羽蛾】

ブドウトリバ

本州～九州、石垣島　10～3月
開帳15mm（★★★）

蚊のようにフワッと飛ぶが、あまりうまい飛び方ではない

冬場に手すりや家の壁にとまっているガ。ブドウ科のヤブカラシにつき、都市部でもよく見られる。蚊のようにフワッと飛ぶ。

ヤガ科　【柏黄星切蛾】

カシワキボシキリガ

北海道～九州　10～4月
開帳32～37mm（★★）

墓石のような白っぽい人工物にとまっている姿を見かける。幼虫はクヌギやカシワにつく。

暗い色の手すりの中でも、体色に近い場所を選んでとまる

ブドウトリバの近縁種にイッシキブドウトリバがおり、交尾器を見ないと判別できない。

シャクガ科　【薄翅冬尺蛾】

ウスバフユシャク

北海道〜九州　12〜2月
♂開帳22〜27mm、♀体長9〜10mm（★★★）

関東平地の出現時期は12月中旬〜2月中旬と長く、最も観察しやすいフユシャク。広食性だが桜並木でよく見かける。日没後1〜2時間くらいが見つけやすく、ピーク時は乱舞する♂の姿が見られる。まずヒラヒラ飛んでいる♂を見つけよう。

交尾したまま♀に引きずられる♂をよく見かける

♀はよく似た別種が多いので、必ず交尾シーンを撮っておこう

交尾

手すり上で見つかる灰褐色の毛の固まりは、フユシャクの♀が自分の卵に腹部の毛を抜いてコーティングしたものである。

一見ゴミに見える

めくると卵がある

手すり上で♂を待つ♀たち。条件のよい手すりには多くの♀が集まる

フユシャク類とは?

♀は翅が退化しており飛べない種類が多いが、手すりや木の幹にしがみついてフェロモンを放出し、誘われた♂と交尾する。手すりとは切っても切れない関係にあるガだ。

フユシャク類の♀は翅がないか小さく、移動能力が低い。そのため古くからある林でしか姿を見かけない。

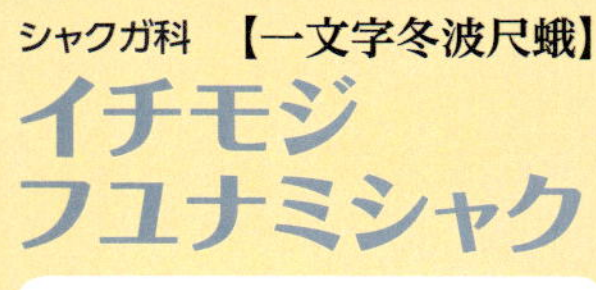

シャクガ科　【一文字冬波尺蛾】

イチモジフユナミシャク

本州、九州　11～1月

♂開張26～34mm、♀体長8～10mm（★★）

♀

♀の翅は青緑色で非常に美しい

食樹はソメイヨシノ、コナラ、クヌギなど。♀は桜並木沿いの手すりで見つかる。普通種だが、ウスバフユシャクよりは少ない。

♂

♂は手すりの支柱や木の幹に張りついているので探してみよう

♂

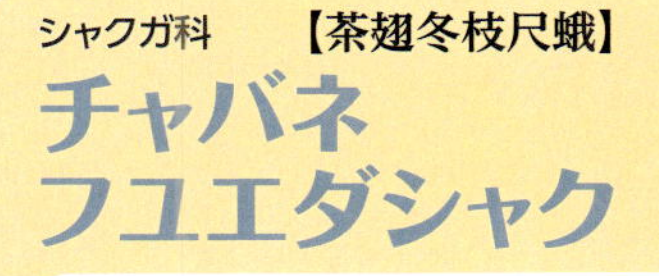

シャクガ科　【茶翅冬枝尺蛾】

チャバネフユエダシャク

本州～九州、沖縄　11～1月

♂開張34～45mm、♀体長11～15mm（★★）

♀ 日没後の2～3時間が発見しやすい

関東では12月～1月に出現する。幼虫はソメイヨシノ、コナラ、クヌギなどの葉を食べるため公園でも見られる。

♂

♀は通称ホルスタインと呼ばれ、フユシャクの♀の中でも特徴的な存在

フユシャク類の♂は弱い集光性があり公園のトイレの壁でもよく見つかる。不審者に間違えられないよう注意!

チョウ目

冬

平地

低山

草地

水辺

カメムシ科 【牛亀虫】

ウシカメムシ

本州〜南西諸島
12〜2、8月
8〜9mm（★★）

前胸背側角（肩のトゲ）が目立つ小型のカメムシ。成虫は秋から春にかけてサクラ・ヒノキ近くの手すりで見られ都市部にも適応している。

幼虫は夏に見られる

カメムシ科 【深山亀虫】

ミヤマカメムシ属の一種

本州、四国　8〜2月
約6.5mm（★★★）

まだら模様の甲厚のカメムシ。山地性のミヤマカメムシに似るが腹面の模様が異なる。

冬とカメムシ

カメムシの仲間はなぜこんな寒い日に…と声をかけたくなるような真冬の手すりに出現する。春夏は樹上にいて目につかないが、落葉とともに降りてきて越冬しているのだろう。

ウシカメムシは樹木の汁だけでなくセミや他種のカメムシの卵からも吸汁することが知られている。

クヌギカメムシ科 【櫟亀虫】

クヌギカメムシ属の一種

北海道～九州　5～12月
11～14mm（★★★）

春から晩秋まで長い期間、雑木林の近くの手すりで見られるカメムシ。若齢幼虫は成虫と姿がかけ離れている。

手すり上で脱皮するクヌギカメムシ属の見分け方

よく似た「クヌギカメムシ」「サジクヌギカメムシ」「ヘラクヌギカメムシ」がおり、しばしば混成する。この3種は、成虫の腹面をルーペで見なければ識別できないため、ここではクヌギカメムシの一種として扱う。

クヌギカメムシ

ヘラクヌギカメムシまたはサジクヌギカメムシ

クヌギカメムシ属の生態

晩秋、交尾後のクヌギカメムシ属の♀は、クヌギの樹皮の隙間にゼリーに包まれた卵を産む。2月に生まれた1～3令の幼虫はゼリーを食べて芽吹きまで命をつなぐ。

孵化したばかりの幼虫

産卵中のクヌギカメムシ

産卵時期のクヌギカメムシ属の♀は、翅の横からはみ出るほどぱんぱんに膨らんだお腹を抱えて歩いている。

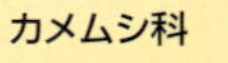

カメムシ科　【艶青亀虫】

ツヤアオカメムシ

本州～南西諸島　8～2月

↔ 14～17mm（★★★）

成虫越冬で、寂しい冬の手すりに彩りを添える。クワやスギなどの樹上で暮らし、灯りによく飛来する。果実から吸汁し、時に果樹園などで大発生してニュースになる。

光沢の強い緑色。小さい点刻がある

成虫

カスミカメムシ科【毛深霞亀虫】

ケブカカスミカメ

冬にスギ、ヒノキ林の近くで成虫と幼虫が入り混じっている。シダや色々な植物につき灯火にも飛来する。

●本州～南西諸島 ●12～1月 ●5～6mm（★★）

マダラナガカメムシ科　【紫長亀虫】

ムラサキナガカメムシ

晩秋～春にスギやヒノキ林の手すりで見かける。小さいが美しいカメムシ。

●本州～九州 ●12～4月 ●4～5mm（★★）

ツヤアオカメムシは害虫として嫌われるが、丸い背中、つぶらな瞳など本当はかわいいルックスをしている。

サシガメ科　【横綱刺亀】

ヨコヅナサシガメ幼虫

本州（関東・中部以西）～九州
12～4月　16～24mm（★★★）

原産は中国やインドで1930年代に九州、1990年代には関東に分布域を広げている。幼虫はサクラやエノキの樹皮上で集団生活し、近くの手すりで歩いている姿を見かける。

ヨコヅナサシガメの生態

幼虫は集団で狩りを行う。アメリカシロヒトリやヒロヘリアオイラガ（p.132）などの天敵で、本種によりヒロヘリアオイラガの密度が抑えられるという研究結果がある。

成虫と幼虫の集団

樹名板の裏に隠れていることがある

サシガメ科　【鬚長刺亀】

ヒゲナガサシガメ幼虫

本州～九州　10～3月
4mm～（成虫15mm～）（★★）

晩秋～春の手すりやヤツデなどの葉裏で見かけるピザのような色のサシガメ。脚よりも長い触角を前方に伸ばしてゆっくりと歩く。

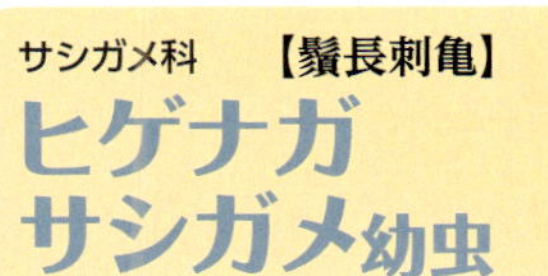

脱皮・羽化直後のヨコヅナサシガメは体色が真っ赤。この虫は何？　新種ですか？　と聞かれることが多い。

カメムシ目
冬
平地
低山
草地
水辺

ヨコバイ科　【小耳蝉】

コミミズク幼虫

本州〜九州　12〜1月
9〜11mm（★★★）

幼虫は冬に多く見られるが、初夏に現れる成虫は手すりには少ない。本来はアラカシなどの枝について汁を吸っており、木の枝と一体化すると非常に見つけづらい。

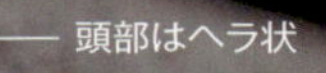

灯りに飛来した個体

コミミズクの体

コミミズクの幼虫を裏返してみると、脚を振って器用に起き上がる様子を観察できる。腹部が薄く中身が入っていないように見える不思議な虫だ。

カメムシ目

冬

平地
低山
草地
水辺

鳥にも虫にも「ミミズク」「コミミズク」という名前の生き物がいる。

ヨコバイ科　【黒条細匙横這】

クロスジホソサジヨコバイ

本州〜九州、南西諸島　12〜4月

5〜6mm（★★★）

成虫

中央のスジの色には変異がある

尾端に黒い点

頭

尾端に黒点をもち、どちらが頭なのかわからなく見える虫。冬から春の手すりでは幼虫も成虫も見つかる。ヤツデの裏でもよく見られる。

幼虫 グミのような質感

近づくと横ばいで歩き、ジャンプして逃げる。

ヤツデの葉裏

冬場の探虫法に「ヤツデの葉めくり」がある。雨雪から守ってくれるヤツデの葉はいろんな虫に大人気。手すりと同じ種類の虫が登場するのも興味深い。

ヤツデの裏側

クロスジホソサジヨコバイ

ウロコアシナガグモ

ウスキホシテントウ

ヤツデキジラミ

クロスジホソサジヨコバイは、尾端の黒点から「マエムキダマシ（前向き騙し）」という名前でも呼ばれる。

アブラムシ科 【綿虫(雪虫)】

ワタムシ亜科の一種(雪虫)

本州ほか　11～12月
4～5mm（★★）

雪虫と呼ばれるアブラムシの一種。有翅型は綿（ワタ）のようなふわふわのロウ物質をまとって飛翔する。種類によって出現時期が違うが、筆者の地元などでは晩秋～初冬に現れる。

つい手に乗せたくなるが
手の熱でも弱るらしい

上から見るとアブラムシの仲間の体つきをしている

公園で綿虫を追いかけていると、
キッズに何してるんですか？　と聞かれた

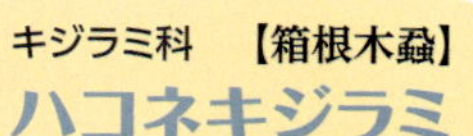
キジラミ科 【箱根木蝨】

ハコネキジラミ

羽化当初は黄褐色だが、越冬時は赤褐色

赤い小さなセミのような姿をしている。幼虫はアケビ・ミツバアケビにつく。低山地の手すりで発見。
●本州～九州 ●1～3月 ●2～2.4mm（★★）

キジラミ科 【桑木蝨】

クワキジラミ

クワの葉裏の幼虫と成虫

羽化当初は黄褐色だが越冬時は茶褐色

冬～春の手すりで見かけることが多い。幼虫はヒモ状の白いワックスを分泌するクワの大害虫。
●北海道～九州 ●1～3月 ●3～4mm（★★）

キジラミの仲間は集団で樹木の汁を吸い、害虫扱いされるものもいる。同定のためには翅脈の写真が必要。

ヒメバチ科 【姫蜂】

ヒメバチ科の一種

情報なし　2月

約4.5mm（★★）

トガリヒメバチ亜科の一種と考えられる。寄生バチの中には宿主に寄生しやすい時期を狙って真冬に活動する種類もいる。

手すりの側面についたガのミノに産卵管を繰り返し刺す

ナガコバチ科 【長小蜂】

ナガコバチ科の一種

情報なし　1~2月

約5mm（★★）

冬に触角で手すりを叩きながら宿主を探して歩く姿を見かける。チョウ目の卵などに産卵する。写真の種は *Mesocomys* 属の一種と考えられる。

寄生蜂は和名がついていなかったり写真で同定ができないものが多いが、非常に魅力的な虫である。

アリジゴクの仲間たち

クサカゲロウ科【顔斑草蜻蛉(草蜉蝣/臭蜻蛉)】

カオマダラクサカゲロウ

本州〜南西諸島　2〜11月

↔ 11〜13mm(★★★)

成虫

背中に黄色いスジ

複眼は虹色に輝く

擬木柵にとまっていたり、ふわふわ飛んでいる。成虫を冬によく見かける。同時期に出現するスズキクサカゲロウとは顔の模様で識別できる。

幼虫

幼虫は夏から秋に見られ、アブラムシなどを捕食して育つ→p.54

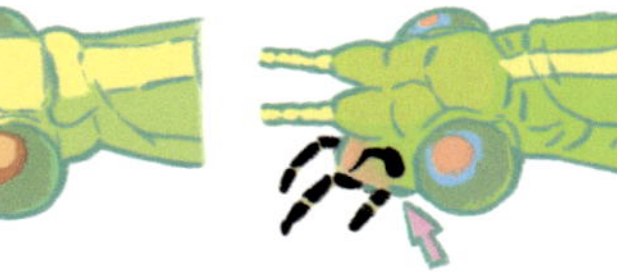

カオマダラクサカゲロウ
「人」の字のような黒い紋。ヒゲはまだら。

スズキクサカゲロウ
黒い紋は複眼に接しない。ヒゲが黒い。

ラクダムシ科　【駱駝虫】

ラクダムシ幼虫

北海道〜九州　11〜3月

↔ 10〜20mm(★)

8月に発見した個体

普段はアカマツなどの樹皮下にすみ、時おり手すりなどを徘徊して他の虫を捕食する。成虫は翅があり春から夏に発生するが、灯火採集以外では見つかりづらい。

同じカゲロウという名前でも、水生の「カゲロウ」と陸生の「アミメカゲロウ」は別のグループの生き物。

知られざるチャタテムシ

チャタテムシ科　【大条茶柱虫】

オオスジチャタテ

北海道、本州、九州　7〜10月

5〜6.5mm（★★）

成虫

白っぽく、頭に黒斑

幼虫　8月撮影

一見有翅のアブラムシのようだが、カジリムシ目という聞きなれないグループに属する。何の虫か問い合わせが多い。

チャタテムシとは？

屋外で見かける有翅型のチャタテムシは地衣類などを食べて暮らしている。例えばスジチャタテの幼虫は初夏に樹皮上などで集団で暮らしており、翅の生えた成虫になると分散する。

ケヤキ上のスジチャタテ幼虫の集団（5月末）

凹凸の少ない幹を好むようだ

イヌシデについていたスジチャタテの成虫（6月）

ハグルマチャタテ

ヨツモンホソチャタテ

人が近づくとわさわさ動いて不穏な気持ちになる

カジリムシ目

冬

平地

屋内で見かける無翅型のチャタテムシもおり、大発生して問題になることがある。

冬も見られるクモ

コガネグモ科　【青鬼蜘蛛】

アオオニグモ

本州～九州　11月～

↔ ♂5～6mm, ♀9～11mm（★★）

緑色で美しいオニグモ。冬の手すりで見つかるのは幼体で、春に成体となる。林縁に金色のキレ網を張る。都市の公園から山まで広く見られる。

冬は擬木柵でよく見つかる

コガネグモ科　【美女鬼蜘蛛】

ビジョオニグモ

北海道～九州　12月～

↔ ♂5～6mm, ♀8～10mm（★★）

脚は黄色と黒のまだら模様

秋に成体となる、派手な色彩のオニグモ。冬のはじめに都市の公園から低山地の手すりでよく見かける。

コガネグモ科　【六星鬼蜘蛛】

ムツボシオニグモ

北海道～九州　12月～

↔ ♂4～6mm, ♀5～8mm（★）

腹部が黄色～赤色の小型のオニグモ。里山や山地の手すりで冬に幼体を見かける。

黄色い卵のうはよく目立つ

ムツボシオニグモにはトガリハナオニグモという外見では区別できない類似種がいるが、分布域が狭く数が少ない。

ハグモ科　【猫葉蜘蛛】

ネコハグモ

北海道～九州　11月～

↔ ♂3～4mm, ♀4～5mm（★★★）

人家、神社、フェンスなど建物の近くにボロ網を張る。普段は生垣の葉上などにテント状の網を張って獲物を待ち伏せする。厳冬期は樹皮下などで越冬している。

手すりにかけられたボロ網。縮れた糸が特徴的

クスノキの葉上のテント状の網。裏に潜んでいる

ウズグモ科　【招蜘蛛】

マネキグモ

本州～南西諸島　2月～

↔ ♂4～7mm, ♀7～15mm（★★★）

不思議な形のため「なんの虫ですか?」と聞かれることが多い。普通種だが静止しているとなかなか見つからない。網を巻き取る動作が「招く」ように見えるのが名前の由来。

静止（待ち伏せ）している状態

第一脚は太くて長い

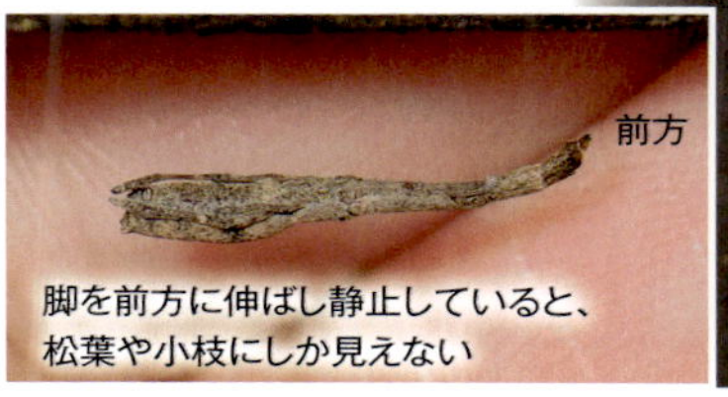

脚を前方に伸ばし静止していると、松葉や小枝にしか見えない

クモ目

冬

平地

低山

草地

水辺

マネキグモは枝葉の間に条網（すじあみ）と呼ばれる粘着力の強い数本の糸を張り、ひっかかった獲物を捕食する。

ナゲナワグモ科　【坂口擬鳥糞蜘蛛】

サカグチトリノフンダマシ幼体

本州〜南西諸島　12月

♂不明，♀7〜9mm（★）

採集例が少ない希少なクモ。白い紋をもつテントウムシに擬態していると言われる。和名は和歌山の生物学者・阪口総一郎にちなむ。12月に低山地の手すりで発見。

ムーアシロホシテントウによく似ている

とても小さく手すりでなければ見落としていた

ムーアシロホシテントウ

クモ目

冬

平地

低山

草地

水辺

レアなクモ

ナゲナワグモ科【六棘井関蜘蛛】

ムツトゲイセキグモ

●本州〜南西諸島 ●7〜9月

●♂2mm，♀7〜10mm（★）

手すりでは、ここにいるの!?　というレアなクモにもときどき出会える。8月に発見したムツトゲイセキグモは日本では2種しか確認されていないナゲナワグモの仲間で、夜間に粘球を振り回してガを捕らえることが知られている。

一度は通り過ぎたが、怪しいオーラを感じて再確認して震えた

頭胸部に大きな角のほか5本の突起がある

水辺の木柵についていた

サカグチトリノフンダマシの幼体はポケモンのパラセクトに似ている。

カニグモ科 【若葉蜘蛛】

ワカバグモ

北海道～九州　4～12月

♂6～11mm，♀9～12mm（★★★）

都市部の公園から山地まで広く生息し、春から晩秋まで見られる黄緑色の美しいクモ。普段は葉上などで待ち伏せして虫を捕食する。

動くものに反応し、人間が近づくと第1・2脚を広げて威嚇する

クモ目

冬

平地

低山

草地

カニグモ科 【花蜘蛛】

ハナグモ

北海道～南西諸島　4～10月

♂3～5mm，♀5～8mm（★★★）

草地から林縁の手すりに多い。草原、河原、林縁の花や葉裏に潜んでシジミチョウなどの飛翔性昆虫を捕らえる。

腹部は黄色味を帯び、茶色い模様が入るが変異が多い

腹部の模様は変異があって面白い

ワカバグモはタカラダニの一種（p.75）に寄生されやすいようで、赤いダニがついた個体をよく見かける。

カニグモ科 【蝤蛑蜘蛛】

ガザミグモ

北海道～九州　1年中

↔ ♂4～6mm, ♀8～12mm（★★★）

木柵の上部や花の上で見かける大型で赤褐色のクモ。冬でも暖かい日は手すりに出てくる。ガザミグモの由来は風見(かざみ)グモから蝤蛑(がざみ：蟹)に転じたという。

アブラナの上で待ち伏せる♀

厳冬期は樹皮の下などにいる

眼は小さいがカメラを近づけると脚を広げて威嚇する

クモ目

冬

平地

低山

草地

水辺

コカニグモの交接

4月のある日、ガードレールでコカニグモのペアを見つけた。クモは交尾ではなく、♂が精子を溜めた触肢を♀の交尾器に入れる交接という行動をとる。この時体の小さな♂が大きな♀に数本の糸をかけて動きを封じていたが、これは♀を大人しくさせる儀式的な行為だと言われる。

クモの名前には甲殻類をイメージしたものが多く、エビグモ科にはシャコグモやヤドカリグモもいる。

アシナガグモ科【鱗脚長蜘蛛】

ウロコアシナガグモ

北海道〜南西諸島
12〜5月
♂3〜6mm，♀4〜6mm（★★）

冬〜春に手すりで見かける緑色の美麗グモ。市街地の公園にも多く、ヤツデの葉裏(p.117)でもよく見つかる。

ヒメグモ科【菱形蜘蛛】

ヒシガタグモ

北海道〜南西諸島　12〜4月
♂3〜4mm，♀4〜6mm（★★）

普段は樹皮上で見かける。X字状の網から粘球を下ろしてアリやダンゴムシを捕らえる。

コガネグモ科【白条猩々蜘蛛】

シロスジショウジョウグモ

日本全国　11〜5月
♂3〜4mm，♀3〜5mm（★★★）

秋〜春に手すりを歩くオシャレなクモ。公園の生垣などに小さな円網を張る。

シロスジショウジョウグモの赤色フタホシ型(左写真)はアメコミヒーローの「デッドプール」に似ている。

シマバエ科

シマバエ科の一種

本州ほか　12～3月

約3mm（★）

翅がカクっと曲がった特徴的な姿のハエ。冬季にあまり陽のささない樹林地の手すりで見かける。

腹部から後方に翅が曲がる

顔が黄色く、複眼が虹色に光る

一見、甲虫やカメムシに見える

ミバエ科　【爪星毛深果実蝿】

ツマホシケブカミバエ

本州～南西諸島　6～9月

4～4.5mm（★）

美しい複眼と翅の紋が特徴的なミバエの仲間。幼虫はヤクシソウのつぼみの中で成長する。左右の翅を交互に曲げる不思議なダンスをすることでも有名。

放射状の黒斑

胸部は灰色

成虫越冬らしく、1月に手すりで見かけた

警戒すると左右の翅をしならせてダンスのような動きをする

シマバエ科の一種は以前 *Steganopsis* sp.と呼ばれていたが、近年 *Steganopsis dichroa*と断定された。

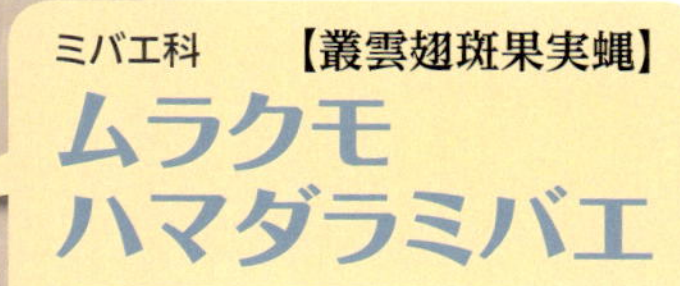

ミバエ科　【叢雲翅斑果実蠅】

ムラクモハマダラミバエ

本州ほか　2〜4月
約7mm（★★）

ジェット機のようなスマートなミバエ。春に樹皮上や樹皮裏に出入りしているのを見かけるが、詳しい生態はわかっていない。

体は扁平。樹皮の下に潜ることができる

ショウジョウバエ科　【兜猩々蠅】

カブトショウジョウバエ属の一種

情報不足　5、12月
約4mm（★）

ふわっと飛んでは元の位置に戻ってくるが、敏感でなかなか近寄らせてくれない

甲虫のような雰囲気の翅をもつ。低山地のカエデの下で見かける。

ハナアブ科　【二条扁虻】

フタスジヒラタアブ幼虫

北海道〜九州　1年中
12〜15mm（★★）

ムーアシロホシテントウの幼虫を捕食する様子

顔

じっと待ち伏せて、通りがかった虫を捕食する

晩秋から春の手すりで見かける。イモムシの姿だがチョウではなくアブの幼虫。成虫はハナアブの仲間で花に訪れる。

フタスジヒラタアブの幼虫は1ヶ月くらい同じ場所から動かず、獲物を待ち伏せする姿を見かける。

水辺から飛んでくる虫

カワゲラ目ホソカワゲラ科 【細襀翅】

ホソカワゲラ科の一種

本州ほか　12〜3月

約8mm

カワゲラ目は2本の長い尾が特徴だが本種はごく短い

クリスマスイブに水辺の手すりで見かけたカワゲラの仲間。幼虫は川の底で育つ。似た種類が多く写真での同定は難しい。

カゲロウ目コカゲロウ科 【小蜉蝣】

コカゲロウ科の一種

本州ほか　12〜3月

約7mm（★★）

年末の夜、水辺の木柵で発見。カゲロウの仲間の幼虫は水中で育ち、成虫とよく似た亜成虫に羽化し、もう一度脱皮して成虫となる。亜成体は翅の色が半透明で前脚が短い。

手すりの川虫たち

川沿いの手すりや橋の欄干では、川虫と呼ばれるカワゲラ、カゲロウ、トビケラの仲間と出会える。カゲロウは時に大発生し、ニュースになることもある。

トビケラ目ヒゲナガトビケラ科 【青髭長石蚕】

アオヒゲナガトビケラ

初夏から秋にかけて発生する。幼虫は水中で暮らし、砂粒で筒状の巣を作る。明かりにも飛来する。
●北海道〜九州 ●3〜10月 ●6〜7mm（★★）

カゲロウ目の目名*Ephemeroptera*はギリシャ語で「短命な」という意味で、成虫の寿命が数十分という種もいる。

フサヤスデ目フサヤスデ科　【薄赤総馬陸】

ウスアカフサヤスデ

本州ほか　4月　↔ 2～5mm（★）

冬はケヤキなどの樹皮下で集団越冬しているが、活動期は手すりや樹上にも出てくる。

夏のヤスデ

本来は地上付近にすんで落ち葉を分解しているが、夏には活発に活動し手すりや柵上でも見られる。人体に害はなく生態もおもしろい。

オビヤスデ目ヤケヤスデ科　【焼馬陸】

ヤケヤスデ属の一種

人家の周りでごく普通に見られる。木製の手すりや塀、夏の雨上がりに多い。
●本州ほか　●7～9月
●約20mm（★★★）

オビヤスデ目ババヤスデ科　【緑婆馬陸】

ミドリババヤスデ種複合体

山地で見かける大型のヤスデ。林床にすみ夜間に徘徊する。
●本州ほか　●7～8月
●約40mm（★★）

種複合体：形態では分類できないが今後分子データで判明する可能性のある、未解決な分類を含む状態を指す。

手すりに付いている繭

ミノガ科　【大蓑蛾】
オオミノガ

本州～南西諸島　9～6月
ミノ長さ40～70mm（★★）

終齢幼虫で越冬し、そのまま春に蛹となる。食草はサクラ、ウメ、オニグルミなど。近年オオミノガヤドリバエに寄生され数を減らしている。

紡錘形で大きく、かたい

ミノガ科　【根黒蓑蛾】
ネグロミノガ

さまざまな植物を食べ、壁やガードレールなどでもよく見つかる。 ●本州～九州 ●9～6月
●ミノ長さ25～30mm（★★★）

ミノガ科【新渡戸蓑蛾】
ニトベミノガ

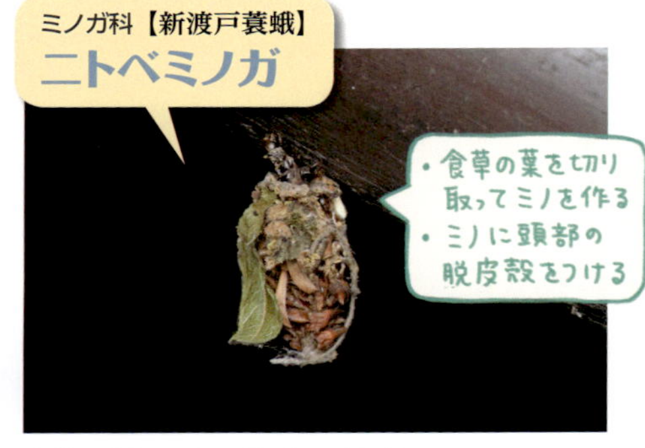

食草はサクラ、クヌギ、カエデなど。
●本州～沖縄 ●9～6月
●ミノ長さ30～55mm（★★）

ヤママユガ科【樟蚕】
クスサン繭

スカシダワラと呼ばれる網目状の繭

初夏に繭を作り秋に羽化する。幼虫はクリやブナなど多くの樹木の葉を食べる。●本州～南西諸島
●7～8月 ●長さ45～65mm（★★）

イラガ科　【広縁青刺蛾】
ヒロヘリアオイラガ繭

幼虫・成虫は毒毛あり

サクラ、カシ、モミジなどの葉を食べ大発生する。侵略的外来種ワースト100の一つ。●本州、九州、沖縄 ●10～5、8月 ●長さ12～15mm（★★★）

ミノガの仲間は携帯巣（けいたいそう）というミノの中で成虫までの期間を過ごす。地衣類やコケを食べる仲間もいる。

チョウ目　冬　平地　低山　草地　水辺

手すりの生き物たち

昆虫やクモ以外にも手すりを利用する生き物がいる。昼間は休んでいるカエルやヤモリ、日向で体温を上げているカナヘビやトカゲなどを見かける。

ニホンアマガエル

平地～山地の水田、小川近くの手すりに多い。ロープ柵の穴を利用する姿などに出会うとほっこりする。

パイプの縁にまたがっている

シュレーゲルアオガエル

日向ぼっこをしていたが気配に気づいて跳んでしまった。池沿いの手すりで遭遇。

ニホンヤモリ

民家の壁などでもよく見かける。夜間に徘徊や待ち伏せをして虫を捕食する。

ニホンカナヘビ

ニホントカゲと間違えられるが、より乾いた質感で別の属に分類される。草地～林縁の手すりで見つかる。

ヒガシニホントカゲ

幼体はブルーメタリックの尾をもつ

つるっとしたうろこをもち、しばしば日当たりのよい手すりや石の上で見つかる。

ニホントカゲは近年分類が見直され、ニホントカゲ、ヒガシニホントカゲ、オカダトカゲの3種に分かれた。

手すりでもっと多くの虫を見たくなったら手すりの周囲の環境に注目してみよう。さらに、虫の写真をカメラで撮ったり、名前を調べる時に役立つアドバイスをまとめてみた。これをきっかけに虫観察にハマってくれるとうれしい。

手すりの虫はどこにいるのか

虫はどんな手すりが好き？

手すり観察をしてみると、同じ公園内でも虫の集まる手すりと、まったくいない手すりがあることに気づく。虫が集まるよい手すりを見つけたら、場所を覚えて周囲の環境を見回してみよう。基本的には、植物が多く陽が入る林縁部の手すりに虫が集まりやすい。

手すりの材質

手すりには金属から木材、コンクリートなど色々な材質が使われているが、虫たちにとってはあまり関係がないように見える。ただし、水平に移動しやすい構造の手すりの方が虫に人気のようだ。

擬木柵（コンクリート／プラスチック製）

木柵／ロープ柵

金属柵

不人気な手すり

こんな手すりはスルーしよう

木と下草が少ない。乾燥している

木が多いが放置され、うっそうとして暗い

手すりに虫がいないときは

手すりの周囲を観察してみよう

　手すりで虫が見つけやすいとはいえ、まったく虫に会えないハズレの日もある。そういう時は、手すり付近の葉の裏面や木の幹、地面、下草などを立体的にチェックしてみよう。また、手すりくらいの高さの植え込みや生垣などでも同じような虫が見つかる。周囲を観察することで、手すりの虫は本来どこに生息していたのか気づくことができる。

観察会でのひとコマ。周囲の植物や地面も手すりの一部と言っても過言ではない。

手すりにからみついたヘクソカズラから
グンバイムシを見つける達人。

手すりの下のエノキにアカボシゴマダラの幼虫を発見！

■それでも見つからない時は？

　見つけようと焦れば焦るほど、虫は見つかりづらくなる。そんな時はベンチに腰かけてご飯を食べたり、地面に座り込んで周りをゆっくり眺めてみよう。また虫が見えてくるはず。

虫の名前を調べよう

虫のグループを調べる

虫の名前を調べるには、まず大まかなグループの当たりをつける必要がある。初心者の人はまずp.6〜9のイラスト検索表を使って、コウチュウやチョウといった目（もく）という分類まで絞り込んでみよう。

インターネットを活用

現代ではインターネットで虫の名前を調べることも多い。検索キーワードには具体的な科名や時期などを入れながら画像検索で当たりをつけよう。

図鑑で確認

インターネット上には間違いや古い分類の情報もあるため、最終的な同定は図鑑と照らし合わせる必要がある。特に新しい図鑑には最新の知見が反映されているのでなるべくチェックしたい。高価な図鑑や絶版の図鑑は図書館を利用しよう。また、虫の中には交尾器を見ないと同定できない種類も多い。筆者の場合、そのような同定が難しい種類は、専門家に判断してもらうこともある。筆者が小さい頃は昆虫館で調べてもらった。

図鑑とレンズはいくらあっても良い

マイ図鑑を作る

撮った写真は、日付と場所を記したフォルダに管理しておくと後から調べやすい。さらに、目別に分類したフォルダにもコピーしておくと自分だけの図鑑を作ることができる。

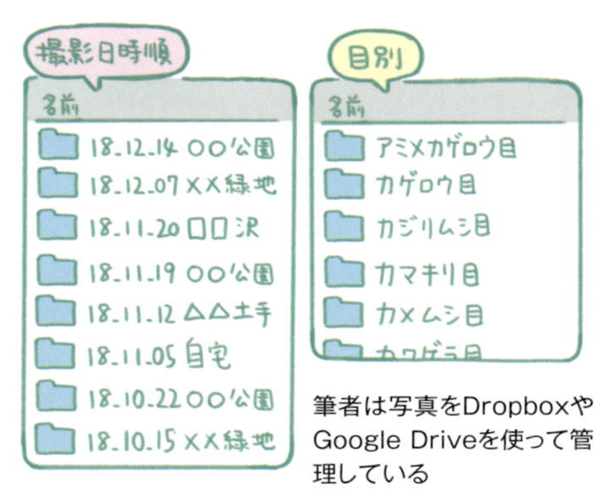

筆者は写真をDropboxやGoogle Driveを使って管理している

SNS・ブログを活用

以前は同好の士を見つけるのは難しかったが、現在はTwitterやInstagramなどに写真用のアカウントを作ったり、Facebookやブログなどで写真を公開することもできる。インターネットを介して趣味の仲間が増えたり、有識者からのアドバイスをもらえることもあり、上手に付き合うことでより深い知識を得られる。

※インターネット上に具体的すぎる虫の生息地の情報を出すのは避けよう。特に、希少種や人気のある水生昆虫の情報を公開するのは乱獲などの原因につながる危険性がある。看板や地名など、背景の映り込みにも注意。

筆者は主にTwitterで情報交換や交流をしている

カメラを使ってより深く観察を楽しもう

コンパクトデジタルカメラ（コンデジ）に挑戦！

虫探しに興味が出てきたら、マクロ撮影（拡大撮影）ができるコンデジに挑戦してみよう！　小さい虫もはっきり撮れるので世界が広がる。入門機としてOLYMPUSのマクロコンデジ・TGシリーズがオススメ。カメラ内部で深度合成もできる。

TGシリーズ（写真はTG-3+フラッシュディフューザー FD-1）

❶いきなり近づくと虫が逃げてしまうので、遠距離で一枚、中距離で一枚、と接近しながら撮影する。
❷近づいたら体や腕を手すりに密着させて手ブレを防ぐ
❸カメラを手すりの上に置いて固定することもできる
❹しゃがむ時は立てひざが安定する（犬のフンに注意！）

撮影しておきたい角度

写真での同定は情報が限られてしまうので、斜め上を基本として、真上、真横、腹面からなど色んな角度から撮影しておこう！

ツバキシギゾウムシ

一眼レフにステップアップ

より鮮明に撮りたい人は一眼レフ+マクロレンズ+フラッシュにチャレンジしてみよう。筆者はOLYMPUSのミラーレス機OM-D E-M5（中古）と60mmのマクロレンズから始めた。観察会などで詳しい人のカメラを見せてもらうのも勉強になる。

筆者の撮影機材

カメラ：OLYMPUS OM-D E-M1 Mk2
レンズ：LAOWA 60mm F2.8 Ultra-Macro
フラッシュ：LAOWA マクロ フラッシュ KX-800
ディフューザー：ケンコー影とり他
フラッシュの光を柔らかくするディフューザーを自作する人も多い

観察会をしてみよう！

観察の目が多いと、見つかる虫が多い

複数人で歩いてみると虫を探す目が多くなり、今まで見落としていた虫が見つかることが多い。手すり観察は初心者でもできるので、興味がありそうな人を集めて開催してみよう！

※夢中になると通行の邪魔になりがちなので周囲に気を配りながら行いたい。

柵も手すりの一種

スマホで撮影

20mを一時間半かけて歩くノロノロペース

手すりの虫を観察ケースに移して色んな角度から観察したり、安全な虫であれば手に乗せて虫のサイズや重さなどを感じてみよう。手すりで見つかった虫がどこから現れたのか、みんなで意見を出して推理してみるのも楽しい。手すりから発展して、より虫がいそうな場所へ移動するのもOK。ただしはぐれないように！

手すり上のカマキリはキッズにも人気

目線を低くして手すりの下側も見てみよう

何匹の虫が見つかるか、チャレンジ！

制限時間（10分～）を設けて、手すりの虫を探してみよう！ 虫が多い時期だとわずかな時間でも10種類以上の虫が見つかることがある。ひとりでも複数人でもできる。

3月の手すりで見つかった虫たち（20分）

用語解説

亜成体（あせいたい）　あと一回の脱皮で成体になる状態（→p.13）。クモやカゲロウの成長過程で使われる用語。

羽化（うか）　幼虫から成虫へ脱皮・変態すること。

越冬（えっとう）　生物がいろいろな方法で冬を過ごすこと。

外来種（がいらいしゅ）　本来その土地には生息していなかったが、主に人間によって持ち込まれた生物のこと（→p.65）。

甘露（かんろ）　アブラムシの排泄物。吸収しきれなかった余剰な糖分が含まれるため、アリなどが好む。

擬死（ぎし）　外敵に襲われた時に動かなくなること。死んだふり。

擬態（ぎたい）　生き残るために周囲の環境や別の生物に色や形を似せること。

擬瞳孔（ぎどうこう）　昆虫の複眼はたくさんのストローを束にしたような構造をしており、光を吸収した奥の方は瞳のように見える（→p.48）。

キレ網（あみ）　横糸の一部を省いた網。アオオニグモなどの網に見られる。

口吻（こうふん）　前方へ長く突き出した口のこと。

里山（さとやま）　人の手の入った森や林のこと。

山地性（さんちせい）　平地に比べて標高が高い場所に生息すること。

樹上性（じゅじょうせい）　草木の葉や枝の上で暮らす性質のこと。

上翅（じょうし）　前についている翅。コウチュウ目では固くなり鞘翅（さやばね）とも呼ばれる。

触肢（しょくし）　元々は脚だったがヒゲや触角のように進化したもの。クモの♂は触肢の先端に精子を溜めて生殖器として使う。

人為的（じんいてき）　人の手が加わった状態。

成体（せいたい）　成熟し、親として生殖可能な個体。成虫と同義。

性的二型（せいてきにけい）　♂と♀で姿や色が著しく異なること（→p.18）。

棚網（たなあみ）　水平方向に広がる棚状の網。奥には通路がある。

単為生殖（たんいせいしょく）　片方の性のみで新しい個体をつくること。

地表性（ちひょうせい）　地面の上や周辺で暮らす性質のこと

テネラル　羽化直後の状態。体が柔らかく色が薄いことが多い。

点刻（てんこく）　細かい点々が刻まれていること。

同定（どうてい）　生物の分類上の種名を調べて、確定すること。

粘球（ねんきゅう）　べたべたする粘液が球状になったもの。

複眼（ふくがん）　昆虫類や甲殻類などがもつ小さな眼（個眼）が蜂の巣状に多数集まった眼のこと。

腹柄節（ふくへいせつ）　アリ特有の胸部と腹部の間にある1～2節の部位。 その数や形でアリの種類がわかる（→p.91）。

捕食（ほしょく）　獲物となる生物を捕らえて食べること。

蛹化（ようか）　蛹になること。

幼体（ようたい）　孵化後から亜成体までの状態。

卵鞘（らんしょう）　卵塊を保護するために分泌物が固まったもの。カマキリの卵が代表的。

卵のう（らん）　袋状のもので包まれた卵のこと。クモは糸で卵のうを作る。

林縁（りんえん）　森林の端にあたる場所。光や風が入り、多様な動植物が見られる。

鱗片（りんぺん）　生物の体表面にあるうろこ状の構造物。

種名索引

本書に登場する生物名を五十音順に並べた。太字のページ数は本書で解説がある種、細字は写真のみ紹介した種。

ア

カ

参考文献 ★はおすすめの本

昆虫全般
『原色昆虫大圖鑑 第3巻』平嶋義宏、森本桂（北隆館）
★『昆虫探検図鑑1600 -写真検索マトリックス付』川邊透（全国農村教育協会）
★『日本の昆虫1400(1) (2)』槐真史 編 伊丹市昆虫館 監修（文一総合出版）
土壌生物
『ダンゴムシの本 まるまる一冊だんごむしガイド ～探し方、飼い方、生態まで』奥山風太郎、みのじ（DU BOOKS）
『日本産土壌動物 分類のための図解検索【第二版】』青木淳一（東海大学出版部）
チョウ目
★『アリの巣の生きもの図鑑』丸山宗利ほか（東海大学出版会）
★『イモムシハンドブック1-3』安田守（文一総合出版）
『小学館の図鑑NEO イモムシとケムシ DVDつき チョウ・ガの幼虫図鑑』鈴木知之ほか（小学館）
『日本産蛾類標準図鑑1・2』岸田泰則（学研教育出版）
『日本の冬夜蛾（キリガ）』小林秀紀 編（むし社）
『日本の冬尺蛾（フユシャクガ）』中島秀雄、小林秀紀（むし社）
『フィールドガイド 日本のチョウ増補改訂版』日本チョウ類保全協会（誠文堂新光社）
★『みんなで作る日本産蛾類図鑑V2』ニワカガマニア、神保宇嗣、蛾LOVE（http://www.jpmoth.org/）
コウチュウ目
『大阪のテントウムシ（改訂版）』初宿成彦（昆虫研究所）（大阪自然史センター）
『原色日本甲虫図鑑2−3』黒沢良彦ほか（保育社）
★『テントウムシハンドブック』阪本優介（文一総合出版）
『テントウムシの調べ方』日本環境動物昆虫学会（文教出版）
『日本産カミキリムシ』大林延夫、新里達也（東海大学出版会）
『日本産ゴミムシダマシ大図鑑』秋田勝己、益本仁雄（むし社）
『日本産ゾウムシデータベース』伊澤和義（http://de05.digitalasia.chubu.ac.jp/）
『日本産タマムシ大図鑑』大桃定洋、福富宏和（むし社）
『ハムシハンドブック』尾園暁（文一総合出版）
カメムシ目
『アブラムシ入門図鑑』松本嘉幸（全国農村教育協会）
★『カメムシ博士入門』安永智秀ほか（全国農村教育協会）
『九州でよく見られるウンカ・ヨコバイ・キジラミ類図鑑』三枝豊平ほか（櫂歌書房）
『クヌギカメムシの共生細菌入り卵塊ゼリーの機能を解明─真冬の雑木林で育つ幼虫の秘密─』（独立行政法人 産業技術総合研究所）
『図説カメムシの卵と幼虫-形態と生態-』小林尚、立川周二（養賢堂）
★『日本原色カメムシ図鑑1-3』安永智秀ほか（全国農村教育協会）
『日本の昆虫⑦セミヤドリガ』大串龍一（文一総合出版）
『フィールド版セミと仲間の図鑑』伊藤ふくお（トンボ出版）
ハチ目
★『アリの生態と分類-南九州のアリの自然史-』山根正気、原田豊、江口克之（南方新社）
『アリ類画像データベース』アリ類データベース作成グループ（http://ant.miyakyo-u.ac.jp/J/index.html）
『狩蜂生態図鑑─ハンティング行動を写真で解く』田仲義弘（全国農村教育協会）
『日本産アリ類図鑑』寺山守、江口克之、久保田敏（朝倉書店）
『日本産マルハナバチ図鑑』木野田君公ほか（北海道大学出版会）
『日本産有剣ハチ類図鑑』寺山守、須田博久（東海大学出版部）
トンボ目
★『日本のトンボ』尾園暁、川島逸郎、二橋亮（文一総合出版）
アミメカゲロウ目
★『千葉大学応用昆虫学研究グループ 日本産クサカゲロウ図鑑』春山直人（http://www.h.chiba-u.jp/lab/insect/neuro/neuroptera.html）
ハエ目
★『札幌の昆虫』木野田君公（北海道大学出版会）
『知られざる双翅目のために』熊澤辰徳（https://diptera-bio.jimdo.com/）
『双翅目談話会会誌「はなあぶ」No.1』双翅目談話会
カワゲラ、カゲロウ、トビケラ目
★『原色川虫図鑑 成虫編: カゲロウ・カワゲラ・トビケラ』丸山博紀、花田聡子（全国農村教育協会）
バッタ、ナナフシ、ゴキブリ目
『図鑑 日本の鳴く虫 コオロギ類 キリギリス類 捕り方から飼い方まで』奥山風太郎（エムピー・ジェー）
『鳴く虫ハンドブック』奥山風太郎（文一総合出版）
『ナナフシのすべて』岡田正哉（トンボ出版）
『日本産直翅類標準図鑑』町田龍一郎、日本直翅類学会（学研プラス）
★『バッタ・コオロギ・キリギリス生態図鑑』村井貴史、伊藤ふくお、日本直翅類学会（北海道大学出版会）
クモ目
★『クモハンドブック』馬場友希、谷川明男（文一総合出版）
『日本産クモ類目録ver. 2018 R5』谷川明男（http://www.asahi-net.or.jp/~dp7a-tnkw/japan.pdf）
★『日本のクモ 増補改訂版(ネイチャーガイド)』新海栄一（文一総合出版）
★『ハエトリグモハンドブック』須黒達巳（文一総合出版）
和名
『クモの学名と和名─その語源と解説』八木沼健夫、大熊千代子、平嶋義宏（九州大学出版会）
『難読誤読昆虫名漢字よみかた辞典』日外アソシエーツ（日外アソシエーツ）
『動植物名よみかた辞典 普及版』日外アソシエーツ（日外アソシエーツ）
外来生物
『終わりなき侵略者との闘い：増え続ける外来生物』五箇公一（小学館クリエイティブ）
『侵入生物データベース - 国立環境研究所』国立環境研究所（https://www.nies.go.jp/biodiversity/invasive/）
『豊田市におけるハラビロカマキリとムネアカハラビロカマキリの分布動態と形態について』間野隆裕、宇野総一
（http://www.yahagigawa.jp/archives/004/201509/bcfa785e0380cc0a39b2c31e300644dd.pdf）
その他
『絵解きで調べる昆虫② ～環境アセスメント動物調査講演会 絵解き検索シリーズ総編集～』日本環境動物昆虫学会編、初宿成彦監修（日本環境動物昆虫学会）
『教養のための昆虫学』平嶋義宏、広渡俊哉（東海大学出版部）
『趣味からはじめる昆虫学』熊澤辰徳（オーム社）
『ずかん さなぎ』鈴木知之（技術評論社）
『ダニ・マニア チーズをつくるダニから巨大ダニまで（増補改訂版）』島野智之（八坂書房）
★『小さな小さな虫図鑑』鈴木知之（偕成社）
『超拡大で虫と植物と鉱物を撮る─超拡大撮影の魅力と深度合成のテクニック』日本自然科学写真協会（SSP）監修（文一総合出版）
『繭ハンドブック』三田村敏正（文一総合出版）
『虫のしわざ観察ガイド─野山で見つかる食痕・産卵痕・巣』新開孝（文一総合出版）
『虫の卵ハンドブック』鈴木知之（文一総合出版）

著者●日本野虫の会　とよさきかんじ

1975年埼玉県生まれ。多摩美術大学絵画科油画専攻卒。
フリーランスのデザイナー。子供の頃は虫まみれだったが
中2でヤンキー化し虫から離れる。2014年、ダンゴムシの
絵本『くるりん！ダンゴム』（岩崎書店）の出版を機に虫に復帰。「日
本野虫の会」という屋号で虫グッズを販売したり、虫の写真を撮るようにな
る。モットーは「偏差値40からの生物多様性保全」。
Twitter：日本野虫の会 @panchichi3

謝辞　本書をまとめるにあたり、以下の方々に同定のご協力や、写真や資料のご提供、観察会へのご参加などたくさんのお力添えを頂きました。御礼を申し上げます。

写真提供：川邊透
同定協力：島野智之、吉田譲、馬場友希、須黒達巳、塚本勝也、長島聖大、前原諭、阪本優介、奥山風太郎、吉澤樹理、桒原良輔、法師人響
協　　力：阪本優介、平井文彦、小野広樹、久力 悠加、memini、ナオミ、高橋美穂、熊野友紀子・ちひろ、大岡寛典・ちな、メレ山メレ子（昆虫大学）、Twitterのみなさん

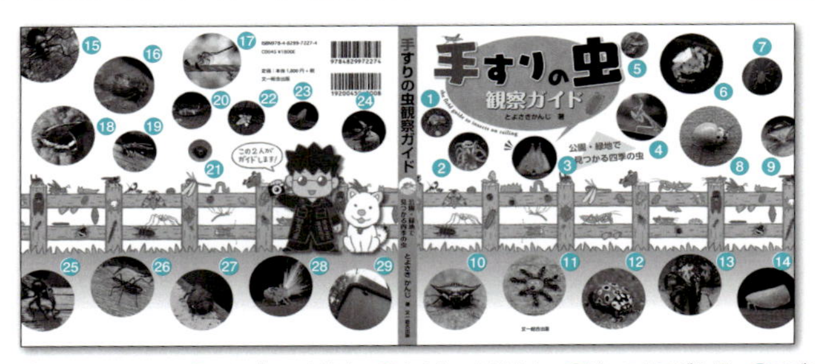

①コマルハナバチ　②クモマハエトリ　③ヒカゲチョウ幼虫　④オオカマキリ幼虫　⑤ジャコウアゲハ蛹　⑥アズチグモ　⑦ユビタカラダニの一種　⑧キイロテントウ　⑨エサキモンキツノカメムシ　⑩ウシカメムシ　⑪テラニシシリアゲアリ　⑫ウンモンテントウ　⑬オジロアシナガゾウムシ　⑭アオバハゴロモ　⑮ニホンキマワリ　⑯トビイロツノゼミ　⑰ノシメトンボ　⑱ルリタテハ　⑲キアシナガバチ　⑳ウラギンシジミ幼虫　㉑マルカメムシ　㉒イチモジフユナミシャク　㉓ミドリグンバイウンカ　㉔ヤマトタマムシ　㉕オオイシアブ　㉖ヨコヅナサシガメ幼虫　㉗マルウンカ幼虫　㉘ベッコウハゴロモ幼虫　㉙カメノコテントウ

デザイン●ニシ工芸株式会社（西山克之）

手すりの虫観察ガイド 公園・緑地で見つかる四季の虫

2019年6月30日　初版第1刷発行
2020年1月31日　　　第2刷発行

著　　者●とよさきかんじ
発 行 者●斉藤 博
発 行 所●株式会社 文一総合出版
〒162-0812 東京都新宿区西五軒町2-5川上ビル
tel.03-3235-7341（営業） fax.03-3269-1402
HP: https://www.bun-ichi.co.jp
振　　替●00120-5-42149
印　　刷●奥村印刷株式会社

乱丁・落丁本はお取り替え致します。

ISBN978-4-8299-7227-4　NDC485　142×210mm　144P

手すりに登場する虫たち❷

（手すりでの発見種数順。p.59 コラム参照）

カマキリ目

日本では約 10 種が知られている。大きいため、手すりではひときわ目立ち、幼虫も成虫も観察できる。ぶらさがったり手すりの上で日向ぼっこしているので見つけやすい。

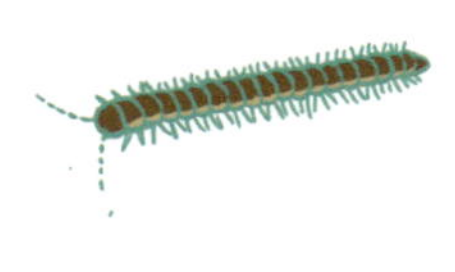

ヤスデ類

昆虫とは別のグループであるヤスデ綱に属する。日本では約 300 種以上が知られている。地表にすみ落ち葉などを食べているが、夏には活発になり手すりにも現れる。

ザトウムシ目

クモと同じクモガタ綱に属する。日本では約 80 種が知られている。体は頭胸部と腹部が一体化しており、だ円形に見えることでクモと区別できる。ふだんは地表や下草を徘徊し、夏には手すりでもよく見られる。

ダニ目

クモと同じクモガタ綱に属し、日本では約 2,000 種以上が知られている。人間に害を与える種はその中の 1%。手すりの上ではタカラダニの仲間が見つかる。

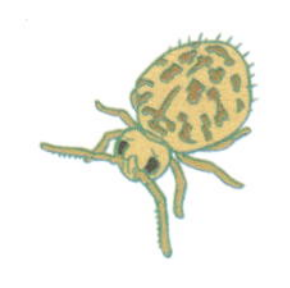

トビムシ目

昆虫より原始的なグループで、内顎綱（ないがくこう）に属する。日本では約 400 種以上が知られる。地表付近にすむものが多いが、一部の種類は手すりや樹表でも見つかる。